谭瑜 李鹏博 ◎编著

互联网基础知识及思维训练

Internet Basic Knowledge And
Thinking Training

版 武汉出版社

（鄂）新登字 08 号

图书在版编目（CIP）数据

互联网基础知识及思维训练 / 谭瑜 , 李鹏博编著 .—武汉 : 武汉
出版社 ,2018.11
ISBN 978-7-5582-2557-4

Ⅰ . ①互… Ⅱ . ①谭… ②李… Ⅲ . ①互联网络－基本知识
Ⅳ . ① TP393.4

中国版本图书馆 CIP 数据核字 (2018) 第 240736 号

编　　著：谭　瑜　李鹏博
责任编辑：徐建文
编　　辑：杜 哲 黄 娜 刘 娜 晏 子
策　　划：银川当代文学艺术中心图书编著中心
　　　　　（http://www.csw66.com）
出　　版：武汉出版社
社　　址：武汉市江岸区兴业路 136 号　　邮　编：430014
电　　话：（027）85606403　85600625
http://www.whcbs.com E-mail：wuhanpress@126.com
印　　刷：宁夏润丰源印业有限公司
经　　销：新华书店
开　　本：787mm×1092mm　1/16
印　　张：12　　字　数：190 千字
版　　次：2018 年 11 月第 1 版　2018 年 11 月第 1 次印刷
定　　价：38.00 元

《互联网基础知识及思维训练》
教材编写组

总 顾 问： 廖新辉

组　　长： 谭　瑜　李鹏博

成　　员： 包忠志　左　嘉　陈志玲　吴重霖

编辑校对： 肖　蓓

 # 好吧，互联网思维是个伪命题

　　好多大咖都说互联网思维是个伪命题，连最互联网的某浪CEO在博鳌论坛上也直接开炮说"我也不知道什么叫互联网思维"，而在一家诞生才14年的做跨境电商的公司里，却把"互联网思维"奉为圣经。

　　TOMTOP集团创始人Mike廖说："中国历史上思想最开放、最解放的一是春秋战国，二是隋朝，三是民国，共同点是百花齐放、百家争鸣；各路英雄豪杰风起云涌，分封割据、四分五裂的社会是其根源。我们在一个和平的时代正赶上第四波高潮——互联网时代，其骨子里的革命思想正在解放每个人的头脑，一切还刚刚开始！"

　　互联网本身不是思维，身处在互联网浪潮中的人如何利用互联网技术改变世界的思考才是！

　　站在大学的讲台上，面对无数双迷惘的眼睛，我们想告诉孩子们，世界在变，思维方式必须改变。马云说未来的发展就是"五新+2H"模式——新零售、新金融、新制造、新技术、新能源，加上文娱（Happiness）及健康（Health），而这一切的基础一定是基于互联网、移动互联网、物联网。看看华为官网上的口号：5G时代，无线联接一切。

　　某浪CEO的话其实就是一种互联网思维，我归纳为"去中心化"。

借我一双慧眼吧
让我把这纷扰
看得清清楚楚
明明白白
真真切切

是为序。

TOMTOP合伙人、CHO 谭 瑜
2018年11月18日　深圳华南城

目录

第七章　IP思维

第八章　跨界思维

第九章　平台战略

第十章　互联网的未来

第一章

互联网基础定义

2017年8月4日，中国互联网络信息中心（CNNIC）在北京发布了第40次《中国互联网络发展状况统计报告》，内容显示，截至2017年6月，中国网民规模达到7.51亿，占全球网民总数的五分之一。同时，我国互联网普及率为54.3%，超过全球平均水平4.6个百分点。

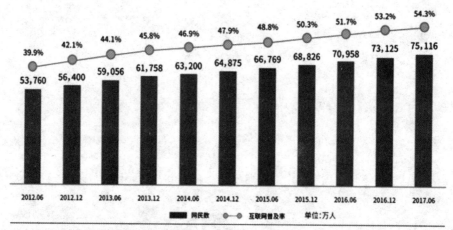

图1.1　中国网民规模和互联网普及率

2016年12月18日，在浙江乌镇举行的第二届世界互联网大会闭幕式上，联想集团创始人、联想控股公司董事长柳传志表示，互联网的应用对中国经济和社会的发展，起到了巨大的推动作用，"无论从深度和广度而言，互联网的应用，中国走在了世界的前列，这是被公认的"。

互联网给世界带来了深刻的变化，而在这种变化中感受最深、受益最大的非中国莫属。互联网究竟有什么样的魔力，让变革的世界为之疯狂呢？

1.1　互联网简史

1969年，美国国防部研究计划署组建了一个网络叫阿帕网，全称Advanced Research Projects Agency Network，简称ARPANET，先后将美国西南部的加利福尼亚大学洛杉矶分校、斯坦福大学研究学院、加利福尼亚大学和犹他州大学的四台主要的计算机连接起来，这是国际互联网的雏形。

1979年，美国麻省理工学院讲师伊亚德乌赖（VA Shiva Ayyadurai）还只是一名中学生，已经在新泽西州的大学开始研发电邮系统，更因此在1981年赢取了一个科学奖，1982年申请版权正式改名"Email"，电子邮件从此诞生。

1986年，美国国家科学基金会（National Science Foundation，简称NSF）资助建设了一个广域网NSFNET，连接了全美5个超级计算机中心，供100多所美国大学共享它们的资源。

1991年，开始有了WWW和浏览器。WWW是指World Wide Web，中文俗称"万维网"，它的意义在于制定了一套标准的、易为人们掌握的超文本标记语言HTML、统一资源定位器URL和超文本传送协议HTTP，这样，人们现在才能这么方便地看到互联网的海量信息并进行交流。

1994年，互联网管委会正式批准互联网进入中国，同时，中国政府也表示同意，从此中国迈入一个飞速发展的新时代。

1.2　互联网基本应用

有人总结归纳了人类历史上改变世界的最伟大的24项发明，其中包括了火药、文字、印刷术、计算机、互联网甚至避孕药等等，如果一定要从中挑选最最伟大两项的话，TOMTOP集团创始人Mike廖认为是印刷术和互联网！他说："在这两项发明之前，人类文明的传承，是靠建筑、雕塑、绘画、戏剧、传说等等来实现，影响的范围有限。印刷术和互联网发明之后，文明的传播是以万和亿为单位计算的！未来以兆为单位传播的方式会是什么？"

互联网只是一个平台，依托这个平台，人类创造了很多应用，主要分为资讯、娱乐、商务三大类。

1.2.1　互联网基本应用之资讯

ARPA网和NSF网最初都是为科研服务的，其主要目的是为用户提供共享大型主机的宝贵资源。随着接入主机数量的增加，越来越多的人把互联网作为通信和交流的工具。随着互联网的商业化，互联网在通信、信息检索、客户服务等方面的巨大潜力被挖掘出来，使互联网有了质的飞跃，并最终走向全球。于是以做内容、信息、传播为主的资讯服务成了互联网最早和最大的应用之一，我们熟知的那些门户网站，如新浪、搜狐、腾讯、网易等等，又比如以谷歌、百度、搜狗等为代表的搜索网站。

通过网络浏览新闻已经是互联网用户最基础的应用，其规模非常庞大。据第40次《中国互联网络发展状况统计报告》中的数据，网络新闻的用户规模达到了6.2亿，在所有网民中，使用率达到了83.1%。网络新闻在及时性、交互性方面具有传统媒体不可比拟的优势，加之在线视频等内容的引入，有效地扩大了网络新闻的受众面。

除了被动地接受门户网站提供的网络新闻外，互联网还为广大用户主动搜寻自己需要的资讯提供了一个海量信息平台。在互联网没有出现之前，如果我们想要了解高血压对于人体的危害和如何防范与治疗，要么去找医生，要么问身边有过切身体验的人，或者去图书馆查阅资料，这些方式都会很麻烦，而现在利用互联网就会特别方便，通过搜索引擎，搜索关键字"防治高血压"，很多有用的信息都会出来，当然，海量信息中鱼龙混杂、良莠不齐，不能轻信。

1.2.2　互联网基本应用之娱乐

据第40次《中国互联网络发展状况统计报告》中的数据，即时通信用户规模达到了6.9亿，网民使用率最高达92.1%；网络音乐用户规模达到了5.2亿，网民使用率69.8%；网络游戏用户规模达到了4.2亿，网民使用率56.1%；论坛／BBS用户规模达到了1.3亿，网民使用率也有17.6%。娱乐几乎成了互联网应用中用户量最大的一块。娱乐的最大功用在于建立维持人际关系、丰富人们的生活，社交、社区、论坛、聊天、游戏等等成为互联网每天最热闹的地方。这类应用的最大服务商以腾讯为代表，根据腾讯季度盈利报告公布的数据，截至2017年6月底，微信月活跃用户为9.63亿，QQ用户数虽已开始减少，月活跃用户也还有8.50亿。

1.2.3 互联网基本应用之商务

随着互联网的蓬勃发展，电子商务已经开始模拟和映射人们在真实社会中衣食住行的各种环节。据第40次《中国互联网络发展状况统计报告》中的数据，网络购物的用户规模达到5.14亿，网民使用率达到68.5%；网络支付的用户规模也有5.1亿，网民使用率达到68%；旅行预订的用户规模达到3.3亿，网民使用率达44.4%；互联网理财的用户规模达到1.26亿，网民使用率也有16.8%；还有网上订外卖、网约车、共享单车等等。

在不同的环节中，都有代表性的服务商，比如天猫、淘宝、京东、大众点评、嘀嘀打车等等，最典型的代表当然是阿里巴巴。

互联网三大应用中，最难、最复杂的要数商务，因为这项应用所需要的前提条件最多，比如，商品、采购、信息、信任、支付、物流、售后等等，当然，价值也最大。这样一些应用本身，相互之间也会渗透，你中有我，我中有你。

1.3 互联网的门户

互联网的三大应用只是从总体上进行概括，具体到操作层面分类可以更细，我们来看互联网上的各类门户网站。

所谓门户网站，是指通向某类综合性互联网信息资源并提供有关信息服务的应用系统。全球最著名的搜索门户网站是谷歌，最大的社交网站是Facebook，最大的视频门户是YouTube；而在中国，最著名的门户网站有中国四大门户网站腾讯、新浪、网易、搜狐，另外，百度、新华网、人民网、凤凰网等也较为著名，其中百度已经成为中国第一搜索门户。

1.3.1 资讯门户

资讯类门户网站是那些通常以新闻信息、娱乐资讯为主，然后结合供求、产品、展会、行业导航、招聘等服务的集成式网站。除了大型综合性的资讯门户网站外，地方生活门户基本上以本地资讯为主，包括本地资讯、同城网购、分类信息、征婚交友、求职招聘、上网导航、生活社区等频道，网站内还包含电子图册、万年历、地图频道、音乐盒、在线影视、优惠券、打折信息、旅游信息、酒店信息等非常实用的功能。

互联网上提供资讯服务的网站多如牛毛，但真正称得上门户的不多，我们列举最主要的门户网站如下：

国内：腾讯、新浪、网易、搜狐、58同城……

国外：雅虎、AOL、MSN……

1.3.2　搜索引擎

百度百科上解释说，搜索引擎（Search Engine）是指根据一定的策略、运用特定的计算机程序从互联网上搜集信息，在对信息进行组织和处理后，为用户提供检索服务，将用户检索的相关信息展示给用户的系统。这已经是互联网上应用最广的服务了，成为我们有针对性寻找信息的必经之路。我们列举最主要的搜索引擎如下：

国内：百度、搜搜、搜狗、360搜索……

国外：Google、bing、yandex……

1.3.3　社交

经常听到人提起SNS平台或者网站，它的全称是Social Network Site，即社交网站或社交网。"社交"和"社区"有着本质区别，因此不要混淆为"社区网站"。Social Networr的意思是社会性网络，指个人之间的关系网络，而基于这种社会网络关系的网站才能叫SNS网站。

国内：微信、微博、QQ、人人网、开心网……

国外：Facebook、Twitter、Youtube……

1.3.4　游戏

游戏不能算是一个单独的门户，但是作为互联网上非常大的一块应用，必须单独拿出来说，因为它也构成了互联网应用中的大场景。据第40次《中国互联网络发展状况统计报告》中的数据，截至2017年6月，我国网络游戏用户规模达到4.22亿，较去年底增长460万，占整体网民的56.1%。手机网络游戏用户规模为3.85亿，较去年底增长3380万，占手机网民的53.3%。主要的游戏开发和运营商家有：

国内：腾讯、网易、触控、盛大、完美……

国外：微软、苹果、迪斯尼、暴雪、任天堂……

1.3.5　购物

互联网上的购物就是电子商务。1994年，一个名叫杰夫·贝佐斯（Jeff Bezos）的年轻人迷上了迅速发展的因特网，当时他还只是个财务分析师兼基金管理员。他列出了20种可能在因特网上畅销的产品，寻找可能给顾客带来最高价值的商品。通过认真分析，他选择了图书。1995年他创办了Amazon.com（亚马逊网上书店），2011年销售额超过了490亿美元。目前，Amazon（亚马逊）已经成为经营最成功的电子商务网站之一，引领时代潮流，贝佐斯成为全球电子商务的第一象征。主要的电子商务平台有：

国内：淘宝、天猫、京东、一号店、唯品会……

国外：Amazon、eBay、Wish……

除以上的门户之外，还有许许多多关于生活信息、地图应用、论坛、博客、文学、音乐、体育、军事等垂直的、细分的领域，构成了互联网丰富多彩的场景，方便着不同的人们找到属于自己的那片天地。

1.4　互联网的本质特征

关于互联网的本质特征，不同的人从不同的角度看，会有不同的理解。我们理解的互联网具有以下本质特征：

1.4.1　开放、共享（或叫信息透明）

互联网是开放的，所有数据都汇集在唾手可得的地方，只要提供数据的一方共享出来，大家都可以得到。

1.4.2　最大地体现了普世价值

人类社会是一个多元化的社会，不同的宗教、文化倡导的是不同的价值观，但在这些价值观中，会有一个最大公约数。也就是说，存在各宗教派别、各文化传统中的共同的那部分价值观，是一个交集，最具包容性和普遍性。比如公平、正义、民主、自由、平等、尊重、独立、和平、善良、勇敢、勤劳、朴素、忠诚、孝顺、责任、宽容、怜悯、博爱、自信、自律、热情、进取……

这些普世价值在互联网的概念中得到了最大的体现。比如自由、民主、平等是人类社会关系所追求的理想目标，这是社会主义核心价值观中的三个关键词，也是西方价值体系的三块奠基石。现实社会中，无论东西方，大家都在努力朝这个目标前进。但在互联网时代，人们更感觉到目标如此的接近。

1.4.3　代表当代人类社会的集体智慧和最高智慧

在互联网发明之前，人类的智慧沉淀在少数量和小比例的精英中，但互联网出现后，从来没有今天这么多数量的人参与技术的变革和创新，集体的智慧得到高度体现，并且不停地积累和沉淀。这是以前的个体智慧无法相比的。

1.4.4　碎片化重构

互联网打破了时间和空间的限制，将原来的整块时间和空间，打散得零零碎碎。但空间和时间的总和是不变的，打散后的时空再进行重新组合。

除了时空维度，还有更多的维度被打散并重构：人际关系、社交圈子、网络任务、众筹产品、云技术、大物流等等。

这是一种大变革，就相当于将物质分解成一个个原子，然后重新组合。碳原子进行重构后，可以是金刚石，可以是石墨，物质发生了根本性的变化。

从这个意义上说，社会最珍贵的资源比如财富和权力被重新分配组合一点也不奇怪，看看国内互联网巨头BAT的崛起就能知道了。

1.4.5　分布式、多并发

分布式、多并发是计算机术语。分布式是相对于集群或者中心化来说的，比如一个整体业务被拆分成多个子业务模块，然后部署到不同的服务器上，各个模块可以独立运作，也可以远程协作，与集群模式下同一个业务部署在多个服务器上相比，更灵活，更有效率，而且也降低了风险，分布式也叫去中心化。多并发就是指同时运作的进程数量很多，不需要彼此等待。

互联网具有这样的特点，这也是社会发展的趋势，换句话说，是从一体化设计向积木式设计过渡，模块化的设计可以拼装、组装，实现多点分布，无限扩展。

TOMTOP集团创始人Mike廖说，中国历史上思想最开放、最解放的时代一是春秋战国，二是隋朝，三是民国，共同点是百花齐放，百家争鸣，各路英雄豪杰风起云涌。分封割据、四分五裂的社会是其根源。而我们在一个和平的时代，正赶上第四波高潮——互联网时代，其骨子里的革命思想正在解放每个人的头脑，一切还刚刚开始！

第二章

产品经理思维

作为负责企业完整或某条商业线生命周期的人，产品经理不仅能协同管理好研发、设计、运营、市场、品牌等多个团队，同时也是更为懂得企业商业核心与资源运用效率的人。所以，优秀的产品经理，往往可以显著提高企业业绩，甚至力挽狂澜。

2.1 初谈产品经理

2.1.1 产品经理是什么

自1927年美国P&G（宝洁）公司出现第一名产品经理以来，产品经理的价值逐渐被市场认可。产品经理和项目经理，缩写都是PM，都是矩阵式组织的产物，都要通过做项目来成事。二者最核心的区别是，一个靠想，一个靠做。千百年来，由于人类生产力的不足，传统经济都属于短缺经济，市场整体上处于供不应求的状态，做出产品就不愁卖，而这种生产驱动的模式，更多需要项目经理来计划/执行和控制。随着互联网和移动互联网的普及发展，这一状态完全改变了。比如用户需要用到社交软件、美图应用或者导航工具时，会面对众多选择，在这种情况下，仅仅是把东西做出来已经没什么用了，如何让大家选择你才是关键。创造力、洞察力和对客户的感知力渐渐成为核心要素，而这些就是产品经理需要掌握的核心技能。

2.1.2 思维方式与性格特点

我们发现，当没有去收集、分析信息时，虽然也能提出很多方案，但在真正实施时会碰到很大的困惑——到底怎么做更好呢？

转变为产品经理式的思维后，可以获得两大好处：

第一，有了更多选择。也许一些更优的方案就在这个"更多"里。

第二，可作价值判断。对性价比的评估是产品经理的必修课。

面对问题时，如何理解和做出基本应对，产品经理给出的答案是"先搞清楚问题，后选择方法"，而不是直接去设法解决。

作为产品经理，日常工作中如果经常使用"我觉得"、"我以为"、

"我用过"这样的句式，意味着可能要犯错了。要做好产品经理，就必须摆脱以自我为中心，转向以用户为中心，换句话说，即具备"同理心"。所以需要时刻提醒自己，用户和我们是不一样的，我们并不懂用户，但必须要有能力切换成用户视角来发现产品问题。

我们更习惯做用户，但做产品经理显然能创造更大的价值。当你掌握了产品经理式的思维，甚至只是知道有这种思维后，就很可能乐此不疲。很多人喜欢做产品经理，至少自认为喜欢做产品经理，有可能仅仅是迷恋"指手画脚"的感觉。每个用户都是没有开启上帝模式的产品经理，或者说，每个人心中都潜伏着一个产品经理。

接下来，我们谈谈还有什么特质可以作为产品经理的加分项：

1. 热爱生活，好奇心

产品经理就要站在行业的潮头，只有对各种新鲜的事物都了如指掌，才能发现先机。类似地，还需要有"创新精神"。

2. 理想主义，完美主义

一方面要有"处女座"人格对关键细节的追求，另一方面也要有大局观，知道战略比战术更重要，知道合理妥协的必要性。

3. 善于沟通，团队精神

要承认自己的力量是有限的，因为做产品是需要靠团队来拿出结果的，用非行政命令的手段，带领团队向着一个目标前进，是一件很具挑战性的事情。

4. 抗压，自我激励，情绪调节

最后，产品经理对产品有这么大的"权利"，所谓"能力越大，责任就越大"，我们要强调一种"淡定"的心态。比如，碰到以下情况，你能受得了么：

你会被老板逼着两周做出一个功能，然后被开发部门告知至少要两个月。

你会突然得知项目取消，然后老板要你把这个消息告诉那帮天天加班到12点的兄弟。

你会发现老板和老板的观点不一致，最终的方案却要你来决定。

你会通宵发布，然后拉上同学们一起聚餐——是早餐。

2.1.3 产品经理的日常

看了这些性格加分项，如果你觉得"这说的就是我啊"，那么我们接着聊产品经理的日程，看看是不是你想要的生活。

产品经理们喜欢自黑，常说自己是"产品狗"，白天开会，晚上写文档。要做的事情的确很多，列出来就是下面这个典型任务表格。

表2.1 产品经理典型任务表格

典型人物	任务说明（包含潜在的替代部门、岗位）
新人入门	公司相关的知识/技能/态度（内部转岗的容易胜任）
熟悉领域	特定产品的行业知识等（相关行业转来的容易胜任）
业务规划	更偏商业敏感的，战略层面（运营人员也要做）
产品规划	未来做什么产品达成业务目标
用户研究	用户洞察，研究的方法（用户研究员）
数据分析	数据分析相关（商业智能团队）
需求分析	需求的采集、开发、管理等
产品设计	偏狭义用户体验（UED，交互设计师）
文档撰写	主要是PRD、Demo、MRD等文档
沟通协作	与各种周边角色沟通协作
项目管理	项目管理相关（项目经理）
产品运营	运营，推广，营销面（产品运营人员）
熟悉技术	对特性产品技术面了解（做过技术的容易胜任）
团队管理	人员培养，组织进步方面（做过管理者的容易胜任）

显然，一个产品经理不可能同时做这么多事情，需要分阶段、分任务类型。最开始是产品的定义与架构，然后是产品设计，接着将产品做出来，最后推出去，这个过程组建形成四个可能的发展方向：

1. **产品架构**：定义、规划产品，确定产品定位，规划、把握产品的节奏，对产品进行宏观把控，对经验要求较高。

2．产品设计：负责产品细节设计。2C的产品，需要和交互设计紧密配合，注重用户体验；对于海量用户的产品，细节设计会产生很大价值（腾讯就是这个方面的典范），但职业天花板相对较低；2B的产品，主要是业务逻辑、流程、规则的设计。

3．产品管理：狭义的管理，偏资源协调、跟进实施和团队建设，有点像项目管理，负责把产品做出来。

4．产品运营：负责产品的运营，解决产品"有人用"的问题，建立产品与用户的通路，负责营销推广。

一个产品经理能做到四项都强最好，这样可以节省巨大的沟通、管理成本，但培养这样的一个"神"，至少需要十几年。国内互联网行业以及产品经理岗位，发展时间还很不够，这种人至少要5~10年后才可能成批出现。现在，这批人就是行业里的CEO，他们根据实际情况来分权，带领几个各有擅长的产品经理，甚至把部分任务分给技术、设计这类"泛产品经理"，从而完成整件事情。

产品经理应该是一个交叉的核心，是在设计、技术和商业中间的那个什么都懂一些的人，如图2.1所示。

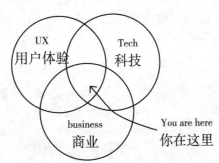

图2.1　产品经理在团队里的位置

产品经理把要做的产品想得差不多的时候，团队就开始扩张。成员一般都会分为以下三个角色：

◆ *产品*：让产品有用。

◆ *技术*：让产品可用。

◆ *设计*：让产品好用。

商业的事情通常由产品经理兼着思考，产品做出来之后，会引入第四个角色：运营。广义的大运营，是让产品"有人用"。

产品、技术、设计和运营四个角色可以构成相对完整的团队，随着产品的迭代优化，团队会越来越大，每个角色又开始逐渐细分。

产品经理除了在公司内是各个角色的黏合剂，还是公司内外的接口，要负责把用户的声音带给团队，甚至把用户发展成广义团队的一部分。

而随着团队越来越大，最早的几个人的身份也开始发生变化。如果他们跟得上团队发展，技术成为了CTO，运营成为了COO，设计可能会留在产品团队里，在特别重视设计的公司，还会有CDO，而产品经理会发展成为CEO。

所以，有一句特别鸡汤的话："产品经理是CEO的学前班。"

2.2　要做什么样的产品

2.2.1　产品是解决某个问题的东西

产品经理是做什么的？毋庸置疑，是做产品的。再回过头来解读一下"产品"到底是什么？

我们对"产品"这个词下一个定义——解决某个问题的东西。这个定义听上去像是一句废话，但其实抛出了三个关键词，分别是"某个"、"问题"和"东西"。

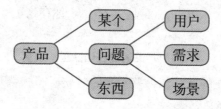

图2.2　图例示意了这些关键词的包含关系

下面将依次展开解释。

某个：说的是定位，定位用来限定"有所为，有所不为"。

问题：包含了三个关键词，用户、需求、场景，它们分别讲述一个重要的概念。

◆ 用户：这个问题是谁的问题。

◆ 需求：问题的核心是什么。

◆ 场景：用户在什么情况，以及何时何地碰到这个问题。

接下来，对这三个词展开详述，这是任何一个产品人都需要掌握的最核心的概念。

（1）用户：谁的问题

第一，本书里提到的用户，除非特殊说明，都是指广义用户，即产品关系人，只与产品有关的所有人，也包括公司内部人员。

第二，任何产品的用户都是多种多样的，但又的确有主次之分，因此，不要为了次要用户的需求干扰核心用户。当然，满足核心用户之余去照顾次要用户则另当别论。

第三，这里说的用户，更多指"角色"，而不是"自然人"。以最常见的一对用户角色客户和终端用户为例，客户（customer）是只付钱买产品的人，终端用户（end user）则是最终使用产品的人。

（2）需求：问题的核心

第一，需求即"问题"的核心，它是分深浅的。最浅的一层，是需求的表象，包含各种要求和欲望，就是经常听到用户说的"我要A"、"我想B"这一些反映用户需求的观点和行为。第二层是观点和行为背后的目标、动机，对应用户要达成的一个愿望或完成的一件事情。最深的一层是人性，虽然指向比较虚的价值观层面，但影响深远。

第二，每一个需求，挖到最后，都可以归结到人性层面。比较常见的"马斯洛需求层次理论"，有非常精到的阐述。

第三，满足需求其实有三种办法：提高现实、降低期望值、转移需求。这三种办法都有效，可以灵活应用。降低期望值的方法，虽然可以暂时解决需求，但对产品的美誉度有负面影响，要慎用。转移需求也可以暂时解决问题，但其实在把用户往外推，产品用得太多了，用户就和我们没关系了。

"做产品"在大多数情况下是在提高现实，是一种很累的方式，但这种累也是值得的，它最容易与用户建立长期的良性关系。

（3）场景：何时何地，各种条件

之前说过用户是带着场景的，需求更是和场景紧密关联。从下面一些案例可以看到，即使给定了用户和需求，不同的场景也会导致我们采取完全不同的解决方案。

用户：IT白领人群，典型的是30岁左右的程序员。

需求：每天都希望了解时事新闻。

场景一：上班路上，如果坐地铁，对应的产品是手机App，比如今日头条。

场景二：上班时坐在电脑前，偷闲会看新闻网站，或有突发新闻时，看到电脑右下角浮出的新闻窗口。

场景三：中午和同事一起下楼吃个快餐，通过八卦的方式互通有无，特别是娱乐、体育类的新闻。

场景四：下班搭同事的顺风车回家，除了八卦聊天，还可以听广播。因为私家车越来越多，路越来越堵，现在每个城市的交通台都挺红火。

场景五：晚上和家人一起吃饭，也会看看电视新闻。

场景六：出差坐飞机，或许会在登机口拿到一张报纸。

……

东西：就是解决方案。产品、功能、特性、流程、服务等都可以算作东西。东西可以是一个有形的实物，也可以是一个无形的服务。

2.2.2　常见的产品分类维度

通过多维度的分类，了解各种产品都有什么特点，以及对应产品经理的任务有什么区别，可以获知自己需要针对性地加强哪方面能力，进一步可以用来指导自己日常的努力方向。

用户关系角度，分为三类：单点、单边、多边，其中多边又可以分为双边、三边等。比如：

计算器是个典型的单点用户型产品。只要有一个用户使用，就能产生完整的用户价值。虽然启动简单，但没法形成网络效应，用户的转移成本很低。

电话是个典型的单边用户型产品，需要有一群人同时使用。只有一个人有电话是没有意义的，使用这个产品的用户越多，每个用户的价值越大，产品也就有了网络效应，可以像黑洞一样把用户都吸引过来。

多边用户型产品一般都是平台级产品，需要几群不同的人一起使用才能产生价值。最典型的就是知乎这个问答网站——有提问者、回答者、围观者构成三边，沉淀了很多内容和关系，任何一个类似的产品，就是在功能上完全抄袭，也很难把用户吸引过去。

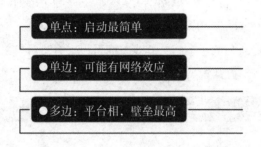

图2.3 单点、单边、多边产品的关键特点

用户需求角度：按照这个角度，产品可分为6大类：

工具：用来解决特定的单点问题，可以"用完即走"。其基本的产品逻辑是：用户要解决特定问题——需要做一个任务——使用工具——达成目标。例如，计算器、词典、解压缩软件，以及支付和看天气的App。

内容：必须提供有价值的信息，如果用户想打发时间，那么"可打发时间"也算一种价值。其基本的产品逻辑是：主动（搜索、订阅等）或被动（推送、推荐等）接触内容——消费内容——消费后行为（评论、点赞、打赏等互动，以及分享、传播等扩散行为）。

社交：用户与用户互相玩，彼此吸引并建立关系，最终因此而留下来。社交产品常见的模式是单边启动，需要同时有一大群人一起用起来，才能产生价值，人越多价值越大。但也有时候是双边启动，比如某些婚恋交友类的社交应用，需要用的时候，有一群美女和帅哥，才能玩得转。此类产品的最大优势就是用户黏性相对高，最大的劣势是离线比较远。

交易：线上的交易，就是电商和O2O概念下的各种收费服务。需要提一下的是，号称自己做交易的产品分两种。有的是真正做"交易"，即自己卖货，这种相对容易启动，属于B2C模式。有些做的其实是"交易平台"，自己不卖东西，通过服务卖家、买家让双方在平台上成交。"交易平台"是典型的双边启动，需要同时有足够多的买家和卖家，才能跑起来。

平台：这是一种同时满足多种角色的产品形态，也可以说是"生态"。现如今，很少有只单纯满足一种用户需求的产品了，而平台产品就是最典型的综合体，里面可能有工具、内容、社交、交易、游戏等各种元素。平台的竞争优势，不在于IT系统本身，而在于平台的各种用户角色在平台上的内容、关系等沉淀。

游戏：可大可小，一切皆可包容，是真实世界的副本。它可不仅仅是一个手机上无聊时打发时间的小东西，游戏里面可以融合进社交、交易等元素，往大了想，游戏甚至可以理解为是在创造平行世界，释放人类富余的生产力。

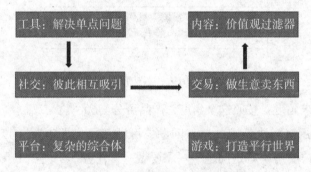

图2.4　几种产品的演变路径

用户类型角度：虽说产品的用户多种多样，但最常听到这两大类：2B（to Business）与2C（to Customer）。这里给大家一些角度来方便理解。企业VS个人，群体VS个体，工作VS生活，男人（2B）VS女人（2C），最后一个奇葩角度需要补充的是，男人在乎目的与结构，女人在乎过程与感受。研究一下如何让男人、女人开心，对如何做好2B、2C产品会颇有启发。

产品形态角度：可以试着分为四种形式：

BS结构：Browser-Service结构。对研发团队来说，大部分工作在服务端，或者说云端，客户端借助一个浏览器来做展示。各种PC网站，都是这种模式。

CS结构：Client-Service结构。它有一个需要安装的客户端，还会有一个服务端，手机里的App、电脑里安装的软件就是这种。

软硬结合：除了软件部分，还有硬件实体。比如各种手环、智能家居的电器。

大实体：有软硬件更有服务。比如大家很熟悉的4S店。

这四种形式的总体规律是，前面的轻，做起来快，迭代周期短，试错成本低，对质量的要求没那么高，有问题很容易改正。当然，相应的进入壁垒也就比较低。

2.3 产品概念的提出与筛选

2.3.1 产品概念的提出

提出产品概念很简单，要确定五个关键要素，参见图2.5：

图2.5 产品概念提出的几个关键要素

核心用户：产品目标用户中最重要的用户是谁，表达为一个抽象的人群。

这是一个供给充足、市场细分、用户选择很多的时代，情愿选择让一部分人爱你爱得发疯，另一部分人恨你恨得要死，也不要让所有人都觉得你还OK，你是个好人，然后就没有然后了。

刚性需求：他们碰到最痛的痛点是什么。

刚需满足三个条件：

真实：需求是真实存在的，还是幻想出来的。

刚需：特指需求是否强烈，不满足能否忍受。

高频：需求发送的频次是高是低。

同时满足以上三点很难，所以要综合考虑，满足刚性需求要优先于弹性需求。

典型场景：这些痛点最常出现在怎样的生活、工作情况下。

在某种情景下，某时某刻，用户能想到，最好是能第一个想到你的产品。这个时刻就是产品的唤起点。

工作日的10点多，很多IT民工都开始发愁中午吃什么，这时候，就唤起了"饿了么"、"大众点评"、"口碑"等。

晚上下班回家，平时一直蹭他车的同事今天要加班，没得蹭了，这时候，唤起了"滴滴出行"。

早上起床，蹲坑，发现正好7点刚过几分钟，"知乎日报"的"如何正确吐槽"有更新了，顺便看看。

……

所以，只要是一个"点"，就不要怕小，怕的是没有独特性，怕的是不够典型。

产品概念：用什么方案解决，用一个词、最多一句话概括你的解决方案。

一个App，一个网站，一个服务体系，还是一个企业协同办公的工具？

竞争优势：相对已有方案，有什么突出优势。

优势是与另外一些解决方案比出来的，"标的"的选择很重要，体现了你的定位与开局思路，视野和格局。"人无我有"是一种，比较容易理解；"人有我优"也是一种，无非"多快好省"。你的优势，会成为用户选择的理由。来举几个例子：

叫外卖而不出去吃，是因为想节省外出的时间，或者就是懒。

网上买家用电器，是因为可以把很多型号放在一起，对比技术参数和价格。

接客户用更贵的专车而不是快车，是因为车好服务好，可以让客户对我们的印象加分。

2.3.2 产品概念的筛选

提出产品概念的几句话后，如何最快判断它是否靠谱呢？通常的经验是，先随手找几个人问问，把产品概念讲给他们听，如果你听到大家说"呵呵呵，我好像不需要"、"好奇怪，不理解为什么要这样做"，那就需要回炉重想，而如果听到"这个你准备卖多少钱"、"有点用，但是不是已经有类似的东西了"这样的问题，就说明这个概念靠谱，大家已经认可你的大方向了。

接下来就要对这些概念进行筛选。如何从内部和外部完成筛选？

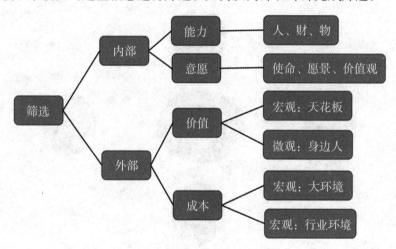

图2.6 产品概念筛选的要素

内部因素方面，首先是"能力"，它又分为人、财、物。即团队与要做的事情是否匹配，各种资本、资金的支持是不是到位，以及行业资源与业务能力，但最本质的还是人。再看"意愿"，意愿不是某一天突然产生的，而是长时间的思考、沉淀的产物。对公司、对个人都一样，有了明确的意愿，做起事来才会有方向感、目标感。

再向外部看看，外部因素有价值和成本两方面，其中，对于价值的思考，可以分为宏观和微观两个角度。对天花板的分析，就是对某个行业宏观价值的思考。可以列出这样一个等式：

潜在用户数 × 单个用户可挖掘价值 = 行业天花板

天花板是终局，但刚起步的时候，还是要多多思考切入点，相应的微观价值，就是身边人。从身边起步有两个特殊优势：一是为身边人，甚至为自己做产品，能减少"误以为自己很懂用户"的错误；二是找第一批精准用户更加容易，简化了项目启动过程，叫做"种子用户"。再看成本，价值高的事情不一定要做，还要看看成本与风险。对于大环境，我们更多的是顺势而为。

比如，在经济不景气时，娱乐行业的市场规模反而会提升，出现所谓的"口红效应"。微观方面。如图2.7所示的波特五力模型已经总结得很好了。

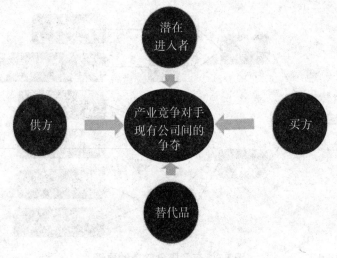

图2.7　波特五力模型

2.4　需求研究与分析

2.4.1　需求采集方法的分类

产品概念通过筛选后，就要投入更多的资源推进这个产品了。在开始设计功能之前，先要尽可能多地收集信息，即采集需求。采集需求只是手段，其目的是通过研究用户来更好地满足需求。

直接采集与间接采集，获取到的需求分别是一手需求——更准确，和二手需求——经过梳理的，所以获取结论的效率更高。实践层面，"全员参与采集，产品经理处理"是比较可行的模式。

从另一维度来对需求进行分类，如图2.8所示：

图2.8 说和做，定性与定量

其中划分出的四个象限，逐个对应一种常见的需求采集方法，分别为用户访谈、调查问卷、可用性测试、数据分析。沿着这些方法的使用顺序可以写出一个"Z"字，如图2.9所示。不同时期可以有针对性地分别采用不同方法。

图2.9 "Z"字采集法

采集是否发生在真实的需求场景里，也是一种分类方法。临场感是产品经理的一项基本能力。需求通常都是带场景的，只有到那时那刻去亲身体会，或者通过想象去体会，才知道你的设计有没有问题。而对体会把握的准确感，就是"临场感"。

最后一个维度分类方法是看需求采集过程中，用户是否和产品发生交互。对于很多产品，用户想象中的自己是否需要，和真的用过以后的自己是否需要，是完全不同的。

2.4.2 从问题到解决方案

马斯洛的《动机与人格》中，有一章专门在谈论"问题"与"方法（解决方案）"这两个词。其中最难理解的就在于"问题中心（Problem Centering）"与"方法中心（Means Centering）"这两个概念。从"问题中心"的思路出发，只要能搞定问题，用什么方法就不再是最重要的事情。从"方法中心"的思路出发，方法本身就是核心追求，至于这个方法究竟能解决哪些问题，可以暂不考虑。

产品经理们工作中经常说的"需求分析"一词，就是指从问题到方法的转换，或者说从用户需求到产品功能的转化。我们可以把这个总结成一个"Y模型"，如图2.10所示。

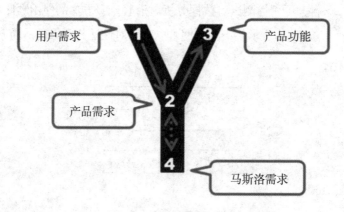

图2.10　Y模型基本概念

"1"是用户需求场景。这是起点，是表象，是需求的第一种深度——观点和行为。

"2"是用户需求背后的目标和动机，是需求的第二种深度，产品经理在思考用户目标时也要综合考虑公司、产品的目标。

"3"是产品功能，是解决办法，是实施人员能看懂的描述。

"4"是人性，或者说价值观，是需求的第三种深度，是需求的本质。

Y模型的不同阶段，各自需要回答的一些问题，可以总结为6个W和2个H。

"1"主要是Who（用户）、What（需求）和Where/When（场景）。

"1"到"2"和"2"到"4"这个阶段，对应上一章提到的需求的三种深度。期间要回答Why。

"4"到"2"再到"3"的过程中想要清楚"How"：问题怎么解决。

"3"这个点，要回答Which和How many。Which是指选哪一个方案，做哪一个功能，这背后其实是对价值的判断，比如怎么评估性价比和优先级。How many是指这一次做了多少个功能，考验的是对迭代周期、MVP的把控。

2.4.3　实战中如何深入浅出

深挖人性，即Y模型里的"1—2—4"，主要依赖"定性的说"这种需求采集方法。产品经理最好能有一点心理学、社会学的基础，然后通过不断练习提升聊天能力与用户洞察力。

浅出的意思是解决方案要尽量简单。微信"摇一摇"刚出现的时候，大家一直感叹没法再超越的原因，就是因为它太简单了，所谓"完美不是无一分可增，而是无一分可减"。

2.5　功能的细化与打包

2.5.1　一个功能的DNA

一个功能，涉及表2.2中所列的很多属性。

表2.2　一个功能的DNA

功能属性	属性说明
编号	功能的顺序号，属于唯一性标志
提交人*	需求、功能的录入PD，负责解释功能
提交时间	功能的录入时间，属于辅助信息
模块*	根据产品的模块划分
名称*	用简洁的短语描述需求
描述*	功能描述：无歧义、完整性、一直性、可测试等；简要描述原始需求
提出者	即需求的原始提出者，有疑惑时便于追溯

续表

功能属性	属性说明
提出时间	原始需求的获得时间，属于辅助信息
Bug编号	将一些Bug视为功能来统一管理
类别	新增功能、功能改进、体验提升、Bug修复、内部需求等
商业价值*	从广度、频度、强度等方面综合判断商业价值，不考虑成本
开发量*	把成本简化为开发工作量，表征实现难度
性价比*	"商业价值/开发量"，用于决定先做哪个
分类	基础、扩展（期望功能）、增值（亮点功能）
状态*	需求/功能生命周期：待讨论、暂缓、拒绝、需求中、开发中、已发布

*的功能属性比较重要，为必填项。

接下来介绍图2.11中三个功能价值评判的基础原则。

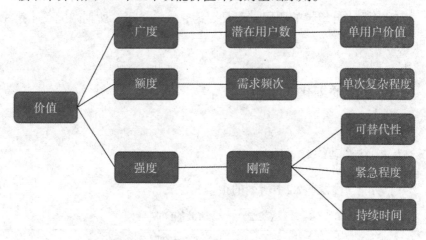

图2.11 功能价值评估的框架

广度：潜在用户数×单用户价值，可以用来判断产品对应的市场容量，也就是之前提到的"天花板"。具体操作时，经常先从某些细分用户切入，再逐步扩大到左右潜在用户。比如，2016年下半年火爆的ofo共享单车，就是先攻高校内部，再扩张到校外。

频度：需求频次×单次复杂度。有些需求每天都会出现一次，比如叫外卖；有的每周最多出现一次，比如看电影；有的也许每个月只出现一次，比如交水电费、还信用卡。这点让我们在广度之余，可以从频度的视角再一次对市场容量进行验证。

强度：不可替代、紧急、持久，背后说的就是真实刚需。一个需求是不是真的，是不是刚性，有一个简单的判定原则，就是问自己这样一个问题："当你没有做这个产品时，用户是不是在设法解决，甚至已经在用某种低效的方式来解决这个问题？"如果答案是肯定的，那么说明需求真的很强烈。

2.5.2　功能打包，确定MVP

接下来，就要回答How many这个问题，决定下一个版本到底要做到什么程度。标题里的"功能打包"，就是从整个功能列表里，把下个版本打算做的功能点挑选出来，理清逻辑，安排实施的意思。

产品界的主流价值观是"少做就是多做"、"完美不是无一分可增，而是无一分可减"。所以，这一步要确定"最小可行产品"及MVP（Minimum Viable Product）。MVP是指满足"用户愿意用、最好愿意付费"、"用户已使用"、"团队有能力实现"的最小功能集合，有些可以直接作为终端产品使用，有些甚至只能用来展示。他的重点就是制作成本要极低，但是却能展示最终产品的主要特色。

2.6　立项组队与研发生产

2.6.1　从"想清楚"到"做出来"

我们几乎已经想清楚了要做什么，之前提到的关键步骤可以概括为图2.12，也可以把这个过程称作"创意设计"环节。这些步骤不是Step by step顺序完成的，而是更像老式电话机的拨号过程，要不停地回溯到前面进行过的步骤去验证，如经验证发现步骤有误，需要继续向前追溯，以修正相关步骤。

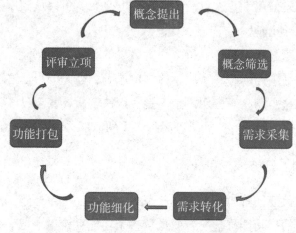

图2.12 "想清楚"的几大步骤

2.6.2 立项就是要搞定各种资源

对于初级产品经理来说，这些事不用自己搞定，但随着能力的提升，这也成了分内的事。

我们从组织形成的三种原始动力说起。

权力：强力组织，比如国家政府，用"枪杆子"保证"绳之以法"。

利益：商业组织，比如公司企业，用"钱袋子"支持"诱之以利"。

共识：松散组织，比如公益社团，用"笔杆子"达成"晓之以理，动之以情"。

任何组织的凝集力都是这三种原动力的混合，只不过配比不同。每一个团队中，也有不同的人。大家可以思考一下，自己所在的团队中各种力量的配比，从而可以更深刻地理解到底怎样才能把团队真正凝聚在一起。

团队给力和事情靠谱互为因果，所以，接下来说说"物"。

"物"的范畴，包括公司内外各种政策、流程、资金等的支持。举个例子，在大公司，需要其他部门配合时，有没有大老板的一句话，就可能产生巨大的差别；做创新业务的时候，能否不走集团统一的决策流程，也许是一个关键要素；作为创业公司，这一次可以融资多少钱，恐怕能决定生死。

2.6.3　初创团队

理想的初创团队，当然是熟识多年，底层价值观相同，方法论、能力、性格互补的一群人，但这群人通常不会一开始就凑齐，往往需要经历"借事修人"到"因人成事"的转化。"借事修人"的阶段相当于练兵、演习，就算事情没成，如果锻炼了团队，也算差强人意。

在非工作时间、非工作地点，沟通更容易敞开，有团队共同提出非业务层面的改进方案，但方案的核心要点最好不要超过三条。比如，其中一条有可能类似——将决策机制从原来的核心团队共同讨论，直到达成一致，改为核心团队共同讨论，最终由老大拍板后执行，或是核心团队每周必须聚餐之类更具体的举措。

沟通也好，协作也罢，都是为了彼此之间的信息同步，表2.3列出了工作中经常使用的办法。

表2.3　沟通协作方式举例

		个体：一对一	群体：多人
线上	实时	电话、IM	电话/视频会议、各种群
	延时	IM、邮件	各种群、群邮件、协作工具
线下	实时	面谈	会议、看板
	延时	留纸条	看板

2.6.4　研发生产时，要做什么

简单地讲，原型验证完成、产品委员会评审通过以后，要经历立项、需求、开发、测试、发布几大环节，然后再拿着做出来的产品找用户验证，最后做项目总结。为了保证整个过程的顺利进行，产品经理还要把控三件事。一是文档管理：每个环节的输入/输出文档是什么，用什么模板、工具编写，以及如何保证同步更新等。二是流程管理：每个环节的各种评审会议，是否可以结合团队时间情况作出删减，突发需求和需求变更如何处理等。三是敏捷方法：团队日常沟通采取什么办法，如何监控进度，以及如何改进配合模式等。

2.7 规划与迭代

2.7.1 好产品步步为营

成功的产品都是相似的，因为每个环节、每一步都要做对，而失败的产品各有各的不同，因为任何一环出问题都会垮掉。"从一个想法开始，直到把第一版的产品做出来"的全过程必须要执行。然而，这仅仅是一个开始，任何一个好产品都是一步步强大起来的，也就是说，这个过程要一次又一次地重复进行。

回想一下最开始的微信，只是一个免费发短信的工具，没有语音，没有群，没有摇一摇，没有朋友圈，没有公众号……

2.7.2 规划：只看最短和最长

在快速变化的互联网行业里，规划到底该怎么做才有实际意义呢？这里有个建议是，只做最短和最长的规划。短的规划是指最近1到3个月，最多6个月的时段里要做什么，其实更像是一个项目计划。长的规划是要预判产业终局，比如3到5年，甚至10年以后会是什么样子，要思考那个时候我们能处于产业链的什么位置。

业务规划可以包含MRD（Market Requirement Document）的内容，但它更加强调"未来几步怎么走"，更通俗的说法是：吃着嘴里的，看着碗里的，想着锅里的。它和MRD相比还有三点应该说清楚：

◆ 一句话的业务定位：如果一句话说不清楚，那就说明定位还不够准确，还需要反复想清楚。比如小红书的"全世界的好东西"。

◆ 一个业务模型：包括这个内部分为哪些模块，彼此之间有什么关系，与产业链中的各个角色怎么配合，如何平衡各方的利益，自己如何赚钱等。

◆ 三五个业务关键点：接下来的一段时间，主攻的几个业务难点是什么。

长期的规划即战略，它是一种从全局考虑、谋划和实现全局目标的规划。一个战略就是设计用来开发核心竞争力、获取竞争优势的一系列的约定和行为。战略选择表明了这家公司打算做什么，以及不做什么。

规划时是应该认真思考的，哪怕你对一个业务不是很了解，也可以通过一系列的合理提问，去弄清楚这件事情的关键点到底在哪里，最终得以提升规划的能力。

先说说在规划PK会上抢资源时如何提问。

1. 看到对方从总体KPI分解出的目标。

这是用户的目标还是我们的目标，是不是老板的目标，老板换了怎么办？

2. 看到对方从用户需求出发，引用了一个观点。

这个用户有普遍性么，能代表多少人，这类用户对我们的优先级是什么？

3. 看到对方写得太虚，都是画大饼。

未来的确很美好，但怎么实现？现在如果只做一件事，最重要的是什么？你打算怎么做？

4. 看到要做的事情太多。

这么多事情，你打算组建多少人的团队，他们都需要什么能力，怎么分工？如果只给你两个人，怎么办？

其实还有很多类似的问题，就不一一列出了。如果你能回答出全部问题，就是一个无敌的产品经理。当然干翻别人不是目的，防止被干翻才是目的。更终极的目的是为了把各种问题都想清楚，使做出的规划更靠谱，团队资源的分配更合理。

2.7.3 迭代：再理解敏捷

说到"迭代"，一定绕不开"敏捷"这个词。敏捷是一个偏技术的概念，是指以用户的需求变化为核心，采用循序渐进的方法进行软件开发。敏捷最重要的不是那些具体方法论，反而是底层的价值观、宣言和原则。

敏捷宣言：

1. 人与人的交互，重于过程和工具。

2. 可用的软件，重于详细的文档。

3. 与客户协作，重于合同谈判。

4. 随时应对变化，重于循规蹈矩。

敏捷十二条原则：

1. 对于我们而言，最重要的是通过尽早和不断交付有价值的软件满足客户需要。

2. 拥抱变化，欢迎需求的变化，即使在开发后期。

3. 敏捷过程能够驾驭变化，保持客户的竞争优势。

4. 经常交付可以工作的软件，从几个星期到几个月，时间尺度越短越好。

5. 业务人员和开发者应该在整个项目过程中始终朝夕在一起工作。

6. 围绕斗志高昂的人进行软件开发，给开发者提供适宜的环境，满足他们的需要，并相信他们能够完成任务。

7. 在开发小组中最有效率也最有效果的信息传达方式是面对面的交谈。

8. 可以工作的软件是进度的主要度量标准。

9. 敏捷过程提倡可持续开发。

10. 对卓越技术与良好设计的不断追求将有助于提高敏捷性。

11. 简单——尽可能减少工作量的艺术至关重要，最好的架构、需求和设计源自自我组织的团队。

12. 每隔一段时间，团队都要总结如何更有效率，然后相应地调整自己的行为。

2.7.4　天下武功，唯快不破

单纯为了速度而横冲直撞，是不可取的，也是得不偿失的。那么，如何合理而科学地加快速度呢？答案就是低成本验证。其理念本质上和迭代的思路完全一致：在一个快速变化的环境下，不断地用最少的时间、成本去获取市场反馈，不断修正前进方向。

举一个案例，假设你想做一个垂直领域的导航站。

这个站点可以告诉创业者，创业过程中都会碰到哪些问题，可以用哪些服务解决，可以去什么站点获取资讯。建议是，先不要做网站，而是把精心调整的各种资料，通过一篇高质量的文章来传播，收集阅读、收藏、转发的数据，或者挑一些目标用户来问问反馈，再决定下一步怎么做。

低成本验证的核心，就是看谁能用更少的资源、时间等成本，拿到一些假设是否成立的结论，而更深层次的目的，还是为了更好地服务用户，更好地达成公司的商业目标。

2.7.5　与用户一起成长

产品除了需要规划和迭代，面对快速成长的问题，还需要在更大的时间尺度，比如5至10年以上，考虑用户的成长。

事实上，产品往哪走，并不是由产品经理决定的，而是由产品团队和用户共同决定的。产品与用户在几年时间内已经形成共生关系，产品影响着用户，用户也影响着产品。只有把用户当做产品的一部分，形成一个大的生态系统，才是正道。

2.8　运营的时候先验证再扩张

2.8.1　产品与运营的关系

本节将进入下一个模块，谈谈如何将一个产品推出去。这个模块属于"大运营"的范畴，包括运营、销售、市场与品牌等话题。

自古以来，运营就是产品不可分割的一部分。真正的产品经理要对产品的最终结果负责，所以必须要懂运营；而运营，却很少被要求负责"把产品做出来"。

如果产品经理的核心能力体现在从需求到功能的这个阶段，那么运营的核心能力就体现在从功能到卖点的阶段：让一个"有用"的东西"有人用"。就算我们都能很好地找到用户需求场景，做出正确的产品功能，但不同产品的市场表现仍然会千差万别。而造成差距的核心原因，就是讲故事的能力。

举个例子，同样是做摄像头，一种讲法是强调自己有1000万像素、镜头用的是某某高科技材料；另一种是突出你和远方亲人可以通过这个摄像头联络感情。区别在于，后者是讲这个东西对用户有什么用，能给用户带来多少利益，如果用户不使用，有什么价值损失。

怎么讲故事？记叙文的六要素翻译成产品的语言即：

◆ 目标用户：人物。

◆ 场景：时间、地点。

◆ 碰到的问题：事情的起因——需求产生。

◆ 产品/功能：事情的经过——我们如何解决问题。

◆ 用户收益：事情的结果——使用产品以后，用户的工作、生活如何变得美好。

这种说服能力，不但对运营重要，对产品经理也一样重要。需要知道，产品经理的一项重要技能就是无授权领导，而想要一群人配合你一起做事，施加压力不如获得认同。

实际工作中，产品人员和运营人员经常发生冲突。产品总觉得运营想到一出是一出，毫无逻辑，乱提需求；运营却觉得产品总是不给力，不理解KPI的压力，这么简单的功能也不帮忙实现……

以下这个提需求的模板，用来帮助双方化干戈为玉帛，如表2.4所示。

表2.4　给运营提需求的模板

目标用户	这件事为谁而做的。一旦运营从这里开启思考，就可以自行排除掉很多需求。
问题描述	目标用户碰到的痛点，说出何时/何地、怎么难受即可。
严重程度	对问题严重程度的判断，以高/中/低来划分即可。具体的判断办法，可以根据用户重要程度，以及问题出现的次数、频率等因素来考虑。如果有对严重程度的案例描述则更好。
现有方案	现在是如何解决此问题的。一个值得解决的问题，通常已经有人着手解决了，所以也一定已经有一些解决方案，而没有现成方案的问题，很有可能是因为不够严重，大家懒得解决。
建议方案	尽量思考后提一些建议，虽然产品经理不一定采纳。
价值描述	改进方案带来的额外价值。比如省时间、更便宜、能更精准地找到×××等。
改进成本	建议方案的成本评估，用高/中/低来表示，主要是非技术层面的成本。同样，产品经理仅用作参考。

2.8.2 运营工作的分类

从方法视角来分类，内容运营、活动运营、用户运营是最常听到的几种运营岗位。

1. 内容运营

定义很广泛，文章、图片、视频等都属于内容。主要做的事情是打造"内容供应链"，从内容来源的挖掘、筛选，到内容本身的生产加工、包装呈现和传播。

2. 活动运营

活动只是手段，策划活动是为了达成背后的运营目的。电商的各种促销活动，可能是为了获取新用户；社交网络上举办的各种晒图大赛，也许是为了促进活跃度。

3. 用户运营

跟进产品不同，用户运营的对象也会有所不同。对产品来说，用户运营是最本质的命题，用户在哪里、产品当前的主要目标是获取新用户还是维护老用户、怎么高效触达用户等问题，是务必及早找出答案的。

那么不同阶段运营有哪些运营目标呢？第一段是1.0发布前持续时间不短且用户数很少的发布前期；第二段是衰退期，再成功的1.0版产品，也有完成使命的那一天；第三段是2.0版生长期，它会延续1.0的生命。

除了2.0部分还有四个阶段。

◆ 验证期：也就是产品发布前的筹备阶段，加上发布之后到推广之前的预备阶段。这个阶段的主要目标是验证产品是否达到了与市场匹配，即PMF（Product Market Fit）。产品在此期间要不断修正主打功能，运营主要关注的指标是用户存留，典型的良性表现就是用户用了还想用，成为回头客。

◆ 爆发期：产品验证完成后开始大面积推广，即进入爆发期。此阶段产品依然在围绕核心功能进行强化，但用户数会迅速增加，运营工作的主要目标是拉新。

◆ 平台期：拉新一段时间后，产品会进入平台期。一旦容易搞定的用户都搞定了，单用户的获取成本就开始越来越高，这时候想要继续放大产品的整体价值，就只能依托于提升单用户的价值。于是，产品功能开始扩展，升级2.0版逐渐提上日程，运营工作的主要目标是激活用户，也常常说成"促活"，让用户使用产品的时间尽可能增加。

◆ 衰退期：1.0版的产品终归要退出历史舞台。进入衰退期以后，产品仅需要维护，而运营能做的事情就是想方设法榨取产品的剩余价值。比如，在敬畏用户、不伤口碑的前提下，从用户身上赚到一点钱；把用户平稳无知觉地导入2.0，让团队去做更有价值的事情，等等。

2.8.3 产品的生命周期

产品在"验证期——爆发期——平台期——衰退期"这个完整生命周期的每个阶段，都需要面对和实现不同的运营目标。

从企业的发展层面来看，依次要经历定位、需求、产品、流量、用户、收入、盈利、品牌这些阶段。真正的商业价值，往往需要等到盈利这一步，因为前几步的所谓商业价值，是有可能通过做假来体现出来的。

一个产品从无到有的全过程，从团队的主要工作内容角度，可以划分为以下四个阶段：

◆ 创意设计：问题正确，解决方案靠谱——用户还没用上产品。

◆ 研发生产：做得出来，不断优化——极少量种子用户用上了内测版本。

◆ 运营销售：卖得出去，赚得到钱——尝鲜者、早期采纳使用产品。

◆ 市场品牌：铺得开，叫得响——主流用户使用产品。

2.9 从产品助理到CEO

安排这一节内容的初衷是，想让大家看看自己到底走到了哪一步，想达到下一步需要做到哪些关键的提升。一般来说，初级产品的技能将被越来越多的人，甚至是非产品经理掌握，所以至少要走到第四层，才算到了一个相对安全的位置。

表2.5　产品经理的七层修炼

层级	典型任务	相关能力的关键词举例
0	职场新手上路	学习能力、执行力、沟通能力、逻辑思维、时间管理、团队精神、会议管理、办公软件使用
1	需求细化与研发跟进	文档与原型、领域知识、懂技术、懂设计、项目跟进
2	主动挖掘与研发跟进	用户研究、项目管理、心理学、社会学、数据分析、产品分析、协调资源、优化流程
3	完整产品与大局观	做取舍、需求管理、产品规划、懂市场、懂运营、商业感觉、行业分析
4	产品线与带团队	前瞻性、产品分解、产品生命周期管理、培养新人、团队管理、定目标、追过程、拿结果
5	成功案例与影响力	创新、输出方法论、知识传承、心态修炼、成就他人
6	商业闭环与全智能管理	开宗立派、领导力、企业文化传承、战略定制、组织发展
7	自己成功到助人成功	理想与信念、情怀、引领时代

如果有一天，不做产品经理（这个岗位）了，还能做什么？

答案不出意外的是"创业"。当然，这里说的是广义的创业，是对自己可调配资源进行优化整合，从而创造出更大的价值的过程。

乔布斯说过一句话，过去学的东西、做过的事，总会在不经意的时候，对你先做的事有用，时间长了，你会发现没有任何一段时间是白费的。

每一次新的开始，都是过去所有积累的一次变现。但这其实需要用心设计，要有意寻找一条能把过往经历都用上的路，或者说，先想好将来要做什么，然后去积累一段段经历为之准备。

第三章

互联网+思维

互联网是人类智慧的结晶，20世纪的重大科技发明，当代先进生产力的重要标志。互联网深刻影响着世界经济、政治、文化和社会的发展，促进了社会生产生活和信息传播的变革。

——《中国互联网状况白皮书》

在湖南上大学的李明，暑假去了一趟云南丽江，"不带分文"便完成了一场惬意的旅游。他是怎么做到的呢？首先，李明在携程上提前买好了来回的飞机票，并订好了入住旅馆的房间。当抵达丽江机场时，天色已经比较晚了，李明便用滴滴打了一辆车，一路直奔目标旅馆。放好行李后，李明来到阳台，一下被丽江古城的夜色惊呆了，便拿起手机拍了一张照片，用微信发给了在千里之外的铁哥们，并发布在了朋友圈，配上文字："丽江古城的夜，比校花还撩人！"不到十分钟，朋友圈就获赞超过100个……在丽江的几天，无论是去旅游景点，还是去吃饭买特产，都没有用纸币，直接支付宝转账或扫码支付，真可谓是"不带分文"游遍丽江！

这样的场景，在我们的生活中，已经随处可见。互联网+传统旅游服务（订票、订房等）成就了携程，互联网+传统打车服务成就了滴滴，互联网+传统通讯成就了微信，互联网+传统银行成就了支付宝，互联网+传统红娘成就了世纪佳缘，互联网+传统百货卖场成就了京东……原本传统的事项，一旦与互联网真正"+"上便能发生质变，从而更好地造福人类，这就是"互联网+"的力量！

互联网，自20世纪60年代诞生，至今已经走过了40多个年头。相比于人类几千年的文明科技史，时间虽然很短，但发展速度却非常快，对人类社会的变革也是空前巨大。现在，互联网几乎已经渗透到了人们生活的每一个角落，也在不断影响、改变着人们的方方面面。不知不觉间，"互联网+"已遍布我们的生活，人们也在畅快地享受"互联网+"带来的便利便捷。未来，随着"互联网+"延伸向更广的领域、进行更深的融合，万物互联将带领人们迈入超乎想象的智能生活！

3.1 什么是"互联网+"？

国内"互联网+"理念的提出，最早可以追溯到2012年11月于扬在易观第五届移动互联网博览会的发言。易观国际董事长兼首席执行官于扬首次提出"互联网+"理念。另外一种说法是,"互联网+"理念在社会上的公开提出,最早可以追溯到2013年11月"三马"(马明哲、马化腾和马云)在众安保险开业仪式上的发言。马化腾提出:"互联网加一个传统行业,意味着什么呢?其实是代表了一种能力,或者是一种外在资源和环境,对这个行业的一种提升。"而"互联网+"开始受到国家层面的正式关注,则是李克强总理在2014年《政府工作报告》中首次提出"互联网金融"的概念,并对其赞赏有加。

2015年3月,全国两会上,马化腾提交了《关于以"互联网+"为驱动,推进我国经济社会创新发展的建议》的议案,表达了对经济社会创新的建议和看法。他呼吁,我们需要持续以"互联网+"为驱动,鼓励产业创新、促进跨界融合、惠及社会民生,推动我国经济和社会的创新发展。他希望这种生态战略能够被国家采纳,成为国家战略。而后,李克强总理在2015年《政府工作报告》中提出制定"互联网+"计划,强调"推动移动互联网、云计算、大数据、物联网等与现代制造业结合,促进电子商务、工业互联网和互联网金融健康发展,引导互联网企业拓展国际市场"。从此,"互联网+"上升为一项国家战略,为国家各领域的发展指引着方向。也是从这个时候开始,"互联网+"开始频繁出现,越来越受到人们的关注!

2015年7月4日,经李克强总理签批,国务院印发《关于积极推进"互联网+"行动的指导意见》(以下简称《指导意见》),这是推动互联网由消费领域向生产领域拓展,加速提升产业发展水平,增强各行业创新能力,构筑经济社会发展新优势和新动能的重要举措。

2015年12月16日,第二届世界互联网大会在浙江乌镇开幕。在举行"互联网+"的论坛上,中国互联网发展基金会联合百度、阿里巴巴、腾讯共同发起倡议,成立"中国互联网+联盟"。

那么,"互联网+"是什么呢?

3.1.1 "互联网+"是把互联网当作工具?

随着互联网影响的不断加深,当"互联网+"概念初步浮出水面的时候，很多人便觉得"互联网+"就是把互联网当做工具，与"互联网+"融合就是用好"互联网"这个工具。当然，我们并不否认互联网是一种工具，就像马化腾所说，"互联网本身是一个技术工具、是一种传输管道，互联网+则是一种能力"。但是，如果简单地持"互联网+"工具论，则只是停留在了表层，是一种狭隘论。基于这种认识，我们会看到某些传统企业的"互联网+"融合，便是给办公人员配备几台办公电脑，再招募几名网络IT人员，把公司许多流程事项"搬到"互联网上，但公司的业务发展方式、经营模式、管理理念等依然照旧。实践证明，这种方式只是换汤不换药，对于企业的转型升级难有根本改观。

3.1.2　"互联网+"是颠覆传统行业？

另外有一部分人则认为："互联网+"就是颠覆传统行业！他们的支撑理由就是，随着互联网的不断渗透，很多传统行业生存环境不断恶化，越来越多的传统行业从业者在不断被淘汰。比如，淘宝、京东等为代表的电子商务对零售行业的"颠覆"，致使近年来各地频现倒闭关店潮。但，其实就如马云说的："这并不是传统零售行业不行了，是你的零售不行了！"换而言之就是，颠覆某些传统行业及从业者的并不是"互联网+"，而是其本身存在的效率低下、体验差、因循守旧等问题。就拿传统零售行业来说，在实际生活中，我们也会发现，经营好的、适时转型成功的也发展得很不错！

3.1.3　什么才是真正的"互联网+"？

既然"互联网+"既不是简单地把互联网工具化，也不是颠覆传统行业，那么，到底什么才是真正的"互联网+"呢？我们来看看官方以及几位互联网大佬的描述版本。

国务院版："互联网+"代表一种新的经济形态，即充分发挥互联网在生产要素配置中的优化和集成作用，将互联网的创新成果深度融合于经济社会各领域之中，提升实体经济的创新力和生产力，形成更广泛的以互联网为基础设施和实现工具的经济发展新形态。

马化腾版："互联网+"是以互联网平台为基础，利用信息通信技术与各行业的跨界融合，推动产业转型升级，并不断创造出新产品、新业务与新模式，构建链接一切的新生态。

阿里版：所谓"互联网+"就是指，以互联网为主的一整套信息技术（包括移动互联网、云计算、大数据技术等）在经济、社会生活各部门的扩散应用过程。

李彦宏版："互联网+"计划，我的理解是互联网和其他传统产业的一种结合的模式。这几年随着中国互联网网民人数的增加，现在渗透率已经接近50%。尤其是移动互联网的兴起，使得互联网在其他产业当中能够产生越来越大的影响力。我们很高兴地看到，过去一两年互联网和很多产业一旦结合的话，就变成了一个化腐朽为神奇的东西。尤其是O2O（线上到线下）领域，比如线上和线下结合。

雷军版：李克强总理在报告中提"互联网+"，意思就是怎么用互联网的技术手段和互联网的思维与实体经济相结合，促进实体经济转型、增值、提效。

分析不同的版本，我们可以发现，其角度不同，描述也有些许差异。比如国务院版本着眼于国家经济全局，高屋建瓴地将"互联网+"称为"新的经济形态"、"经济发展新形态"，更为宏观地肯定了互联网在经济发展和社会生活中的基础性作用；马化腾版本则着眼于产业生态，将"互联网+"表述为"构建链接一切的新生态"，更为感性，对企业更具普适性。而阿里版、李彦宏版、雷军版则分别从信息技术扩散应用、互联网与其他传统产业融合、互联网技术手段和思维与实体经济相结合的角度进行了描述，并充分肯定了互联网在其中的关键性作用。

统而观之，则会发现其内涵也有共性，就是：跨界融合，连接生态。"互联网+"中，互联网是一个更具生态性的要素，它与我们的生活、生存环境、生产方式甚至于生命都是密不可分的存在。随着互联网的普及与渗透，一方面它从广度上不断跨界、不断连接，另一方面它从深度上不断融合、不断蜕变，共同创造新生态。

3.2 "互联网+"背后的互联网思维

互联网思维,就是在(移动)互联网+、大数据、云计算等科技不断发展的背景下,对市场、用户、产品、企业价值链乃至对整个商业生态进行重新审视的思考方式。

要想更好地理解"互联网+",除了要把握"互联网+"是什么,了解它的来源以及重要性,更要研究它背后的重要支撑,那就是"互联网思维"。我们说,思维决定行为,对于一个人如此,一个企业如此,行业、社会也是如此。互联网思维,是互联网企业区别于传统企业最本质的特点。很多企业想转型为互联网企业,或者想利用"互联网+"转型升级,却往往不能成功,不具备互联网思维,便是其中的关键因素之一。因为互联网背后是全新的方法论,思考问题的方法也往往不一样。就像一台老旧电脑,即便换上再新潮鲜艳的外壳,CPU、主板还是原来的老型号,又怎能突破原有的性能呢?所以,要想更好理解"互联网+",把握住"互联网思维"很有必要。对于互联网思维,很多企业家经过自己的实践及思考,也发表了自己的看法,我们也可以管中窥豹。

柳传志:换一种角度,从结果的角度来解读,互联网思维与传统产业的对接,会改变传统的商业模式。从结果看,大致会产生这么几个效应:长尾效应、免费效应、迭代效应和社交效应。互联网思维开放、互动的特性,将改变制造业的整个产业链。因此,用好互联网思维,制造业链条上的研发、生产、物流、市场销售、售后服务等环节,都要顺势而变。

马云:我一直认为互联网不是一种技术,是一种思想。如果你把互联网当思想看,你自然而然会把你的组织、产品、文化都带进去,你要彻底重新思考你的公司。今天很多人都说网上营销好,但是营销好了,麻烦也就开始了,你整个组织、人才、思考、战略都要进行调整。你以为是你的胃口太好,但换一只胃,你的肝也出问题,脾也出问题,因为所有内部的体系是连在一起的。这世界没有传统的企业,只有传统的思想。

雷军:互联网思维就是:专注、极致、口碑、快!专注就是只做一款47寸的电视,其他型号不考虑;极致就是干到你能力的极限;口碑是互联网的核心，没有口碑靠广告一点戏都没有；快，只有互联网企业能实现，都是24小时值守，有问题立即解决。

周鸿祎：第一，用户至上：在互联网经济中，只要用你的产品或服务，那就是上帝，很多东西不仅不要钱，还把质量做得特别好，甚至倒贴钱欢迎人们去用。第二，体验为王：只有把一个东西做到极致，超出预期才叫体验。比如有人递过一个矿泉水瓶子，我一喝原来是50°的茅台。这就超出我的体验。第三，免费的商业模式：硬件也正在步入免费的时代。硬件以成本价出售，零利润，然后依靠增值服务去赚钱。电视、盒子、手表等互联网硬件虽然不挣钱，通过广告、电子商务、增值服务等方式来挣钱；第四，颠覆式创新：你要把东西做得便宜，甚至免费；把东西做得特简单，就能打动人心，超出预期的体验上的呼应，就能赢得用户，就为你的成功打下了坚实的基础。

胡厚崑：在互联网的时代，传统企业遇到的最大挑战是基于互联网的颠覆性挑战。为了应对这种挑战，传统企业首先要做的是改变思想观念和商业理念。要敢于以终为始地站在未来看现在，发现更多的机会，而不是用今天的思维想象未来，仅仅看到威胁。

梁信军：互联网正在成为现代社会真正的基础设施之一，就像电力和道路一样。互联网不仅仅是可以用来提高效率的工具，它是构建未来生产方式和生活方式的基础设施，更重要的是，互联网思维应该成为我们一切商业思维的起点。今天看一个产业有没有潜力，就看它离互联网有多远。

张亚勤：互联网思维分为三个层级：层级一：数字化。互联网是工具，提高效率，降低成本。层级二：互联网化。利用互联网改变运营流程，电子商务，网络营销。层级三：互联网思维。用互联网改造传统行业、商业模式和价值观创新。

3.3　互联网思维的六大特征

以上企业家从不同的角度，为我们描述了互联网思维的表现及重要性，但都有些零散，不够系统。中国跨境电商行业"教父级"人物，通拓科技CEO廖新辉对互联网思维特征进行深入浅出的归纳总结。他把互联网思维的特征主要归纳为六条，并对每一条都进行了阐述，较为有代表性，也有助于我们更好地理解互联网思维。

3.3.1 互联网思维特征之一：碎片化

碎片化。供需双方的零碎资源先分别聚合在一起，打散到"元素"的级别，越过时空限制，然后按新的规律重新组合，犹如分子重构。重构前这些碎片是无序的、低效的，重构后是优化的，各取所需，产生的价值是几何级增加的！在打车、交友、租房、订餐、淘宝等互联网应用中都是碎片化。

——TOMTOP集团创始人Mike廖

碎片化这一互联网特征，在社交、资讯上体现得最为明显。比如社交方面，在互联网普及之前，我们很多人与朋友联系，可能都是在上班前或下班后。而在互联网普及，尤其是移动互联网的普及之后，用微信、QQ等即时通讯，我们几乎可以随时联系，这就是时间碎片化的应用。再比如，在以前，我们获取资讯得通过电视、报纸等利用闲暇时间看，而现在我们拿起手机，用各种资讯软件随时可以获取资讯，而且信息内容要更加偏向分散、零碎，这是信息碎片化的应用。碎片化，本身并没有特别突出的价值，因为事物本身便是由不同的"碎片"元素组成的。比如同样是碳元素，不同的组合排列会形成不同的物质，它可以形成价值惊人的金刚石，也可以形成普通的石墨。而在互联网时代，因为互联网技术的成熟，使得无数事物的"碎片化"重组、质变成为了可能，尤其是无数个人的"碎片化"实现连接融合，更是开启了广阔的想象空间。这也是互联网时代，打磨细节、优化重组、跨界融合等方法论越来越受到重视的原因之一。

3.3.2 互联网思维特征之二：分布式

分布式，或叫去中心化，这样才能实现多并发。因为任何中心都可能随事物的发展遇到瓶颈。连上帝也都请了九大天使呢！也就是说把鸡蛋放在多个篮子里。用互联网技术，可以放在成千上万的篮子里，那就是云计算，云存储。最高境界就是电影《超体》里的状态，你在哪？一个字，无处不在！

——TOMTOP集团创始人Mike廖

去中心化，是相对于中心化的一种现象或结构。去中心化，不是不要中心，而是由节点来自由选择中心、自由决定中心。相对于中心化的线性特征，去中心化呈现的是分布式特征，中心可以分布在无数个节点中，实现多并发。从互联网发展的层面来看，去中心化是互联网发展过程中形成的社会化关系形态和内容产生形态，是相对于"中心化"而言的新型网络内容生产过程。去中心化，是互联网自由、平等、开放、连接、全球化等基本特征不断深化发展的必然结果。所以，现在的互联网内容，不再是由专业网站或特定人群所产生，而是由全体网民共同参与、权级平等地共同创造的结果。任何人都可以在网络上表达自己的观点或创造原创的内容，共同生产信息。也正是去中心化的特点，使互联网极大地激发了人们的参与互动积极性，人们的创造性与创新性得到了极大的解放与提升，每一个个体的价值都有机会得到绽放。

3.3.3 互联网思维特征之三：扁平化

扁平化。一般指管理扁平化。当企业扩张时，不是增加管理层级，而是靠增加管理幅度的方法。其实是泛指所有减少中间环节、中间件的思维方法。因为互联网信息革命，世界互联互通，它们已经没有存在的价值。这对代理、经销、中介、分层等模式是巨大挑战。扁平化到极致就是直达终端。

——TOMTOP集团创始人Mike廖

扁平化思维，是一种提升效率、化繁为简的思维方法。以往，因为技术落后、辅助工具落后、信息传输渠道单一、中心化思维等原因，很多事物的管理及应对都是采用多层级的"金字塔"模式，这样往往造成反应慢、效率低、信息失真度高等弊端。而随着互联网的互联互通，特别是相应的技术工具的完备，使得以往的"中间环节、中间件"减少甚至被取缔成为了可能，就如廖新辉所言，"因为互联网信息革命，世界互联互通，它们已经没有存在的价值。"互联网企业最典型的扁平化管理，便是小米的三级模式：七个核心创始人——部门leader——员工。小米的这种组织结构：一层产品、一层营销、一层硬件、一层电商，每层由一名创始人坐镇，能一竿子插到底地执行。大家互不干涉，都希望能够在各自分管的领域给力，一起把这个事情做好，充分体现"短平快"的特点，将效率极致化。在通拓科技，廖新辉则倡导："扁平化管理思想一定要无处不在。在TOMTOP，有三件事可以直接跟最高决策层，也就是任何合伙人对话：1.创新；2.批评；3.引荐干部人才。因为某个上司可能会因为自己的愚蠢否定你的创新，因为狭隘听不进你的批评，因为嫉妒拦截更优秀的人才。"

3.3.4 互联网思维特征之四：高维度

高维度。按电影《星际穿越》里的理论，高维空间可以轻松控制低维空间。同理，互联网世界里大连通、大排列、大组合后，各方面元素都可能参与运算，形成复杂的多元多次方程，并且维度在不断呈几何级升级、进化。谁掌控的维度越高，谁就能赢得未来。

——TOMTOP集团创始人Mike廖

维度，又称维数，是数学中独立参数的数目。在物理学和哲学的领域内，指独立的时空坐标的数目。零维是一个无限小的点，没有长度；一维是一条无限长的线，只有长度；二维是一个平面，是由长度和宽度（或部分曲线）组成面积；三维是二维加上高度组成体积；四维是指三维空间加一维时间。四维运动产生了五维……维度越高，层次越复杂，进化程度也越高。打个比方来理解：一条虫在一条直线上爬，是一维空间，它只有前后的概念；而如果是在地面爬，则是二维空间，它除了有前后，还有左右；一只鸟在天上飞，则有前后、左右、上下，是三维空间；人类的感知空间，在三维的基础上，多了一个时间维度，是四维时空。我们会发现，维度越高，感知能力会越强，感知的信息也越多，进化程度也越高。而按电影《星际穿越》里的理论，高维空间可以轻松控制低维空间。互联网开放、自由、连接的特点，给了无数个体参与的可能，无数个体经过"大连通、大排列、大组合"，会形成更为无限的可能，这时候就好比形成了无限维度的世界。因此，你掌握维度的高低，决定了你进化的高低，也决定了你把控未来能力的强弱。

3.3.5 互联网思维特征之五：高频率

高频率。或曰周期短、节奏快。以前，按年做预算，按季做财报，按月做总结，按天收Email。现在呢？有了互联网技术，尤其移动化以后，数据实时，时刻变化！创新、纠错、决策、反应更快！且随时在迭代、更新、升级、进化！试想，微信会被谁颠覆？只能是更高频率的以秒为单位的应用！

——TOMTOP集团创始人Mike廖

互联网，由于实现了广泛互联互通，再加上永不停歇地运转，尤其是实现移动互联以后，相当于人人都可以24小时在线，而且每个人的碎片化数据、信息都实现了实时传输、即时更新，实时变化。这就对我们提出了更高的响应要求，"创新、纠错、决策、反应更快！且随时在迭代、更新、升级、进化！"高频率，快节奏，成了互联网时代的一个重要特征，也成为企业发展不容忽视的重要因素。雷军在谈到"互联网思维七字诀"中的"快"字诀时便说："在谈到互联网，当大家提醒我说小米是不是非常快的时候，其实在互联网公司，尤其是早期不能做到100%成长，全部是做得差的公司，倍数成长是互联网公司最基本原则。不仅仅业务成长，包括对用户服务反应都特别快。你提一个意见被小米采纳，发布出来只需要一个星期，这在传统手机企业是没有办法想象的。"的确，处在高频率的互联网时代，很多企业往往不是输在技术水平不足上，而是输在变化、更新、决策、创新不够快上。

3.3.6 互联网思维特征之六：互联网+

互联网+。其实就是互联网下的生态平衡。马云思维是对立的，你死我活的，搞死传统产业；马化腾思维是统一的，相互依存的，激活传统产业。高下立现。未来终极形式一定是碎片与整体、中心与分布、层级与扁平、高维与低维、高频与低频彼此相互融合，你中有我，我中有你，对立而统一。

——TOMTOP集团创始人Mike廖

互联网本身的自由、开放、连接等基本特征，让其天然具有"互联网+"基础。不同的个体，不同的企业，不同的行业，通过互联网的互联互通，让彼此之间交互更加频繁，影响更加深化，这也就为生态型共同发展提供了无数的可能。未来伟大的企业，一定是生态平衡型企业，与其他企业共融共生共发展！腾讯的领悟是将自己战略定位为：要做互联网的连接器，实现连接一切。所以，腾讯一改之前大包大揽的作风，重新聚焦于自己擅长的泛娱乐战略，马化腾形容："我们把另外半条命交给合作伙伴了！"一开始，阿里的战略更是"暴力"直接，用淘宝天猫颠覆传统零售、用支付宝颠覆银行等等，但后来，我们看到这种战略也有了很大的调整，阿里也开始打造自己的生态，用生态化的思维去延伸拓展、融合发展。

3.4　"互联网+"的未来

据《中国互联网络发展状况统计报告》显示，截至2017年6月底，中国网民规模达到7.51亿，占全球网民总数的五分之一，半年共计新增网民1992万人，半年增长率为2.7%；互联网普及率为54.3%，较2016年底提升1.1个百分点，超过全球平均水平4.6个百分点。我国手机网民规模达7.24亿，较2016年底增加2830万人。网民中使用手机上网的比例由2016年底的95.1%提升至96.3%，手机上网比例持续提升。

随着我国网民的不断增多，互联网普及率的不断提升，特别是移动互联网的深度转化，互联网的优势与力量正得到越来越多人的认可，互联网思维以及"互联网+"也正在广泛地被研究与践行。就现阶段而言，"互联网+"虽然还属于初步发展阶段，但却取得了丰硕的成果。电子商务、网络社交、网络餐饮外卖、移动支付、共享出行等多种多样的"互联网+"创新成果，正在不断地优化我们的吃穿住行用，提升着我们的生活质量和水平，同时也在深刻改变着我们的行为方法，甚至是思想思维。未来的"互联网+"又会有怎样的发展呢？我们根据互联网的特征，以及"互联网+"发展中的迹象，可以想象到，"互联网+"的未来，大致会朝"连接与聚合"、"产业互联网化"、"脑机互联"三大趋势发展。

3.4.1　连接与聚合

连接，是互联网的本质与价值所在，是互联网商业化的主要根据和载体。在互联网的包裹之下，一切都是相互连接的，不光是人与人相连，世间万物都是相互连接的。连接，让信息的充分自由流通成为可能，未来，互联网代表着以人为本、人人受益的普惠经济，在技术的驱动下，"连接一切"将让消费者更灵活地参与到个性化产品和服务中去。

聚合，把互联网的各种信息集合在一起。现在，门户、电商、搜索、社交都体现了连接，其商业化，则利用了其连接背后的聚合能力。将传统基金产品、支付宝和海量信息及用户聚合在一起，聚合成多种移动互联网时代的现金管理工具，例如余额宝；将传统穿戴产品，连接互联网技术与各种传感器，聚合成智能穿戴设备，让人可以更好地感知外部与自身的信息，能够在计算机、网络甚至其他人的辅助下更为高效地处理信息，能够实现更为无缝的交流；将传统政务社会信息、网络技术与多样化家庭，聚合成一个为居民提供集成政务信息、生活信息、家庭信息等多种便民服务的家庭智慧平台。

3.4.2 产业互联网化

互联网企业急需寻求新的市场，而传统企业急需寻找转型升级的路径，两者有共同的需求点，互联网是传统企业的升级路径，而传统企业正好是互联网企业的新市场，于是"+"成为可能。

众多细分行业都可以通过互联网获得发展机会，在去中心化、去平台化的产业互联网时代，提供个性化服务的重度垂直模式将具有商业价值，行业垂直、地域垂直以及人群垂直都可以在各自领地得到生存与发展的机会。

信息流、物流、资金流依靠互联网特有的包容性，实现"三流合一"，融合产业特性推进生产供应链与消费价值链两端效率提升，促进产业形态的互联网化发展。依靠互联网庞大的数据库，每个人都有自己在互联网环境的一个模型，人、产品、产业、环境融为一体，而互联网通过将信息、资金、物流和核心资源进行整合，减少产业与客户之间到达的层级，从而提升整体产业价值链的效率，让产业互联网化，来满足每个人的个性化需求。

3.4.3 "互联网+"的终极——脑机互联

怎么让科技改变人？现在，科学家们已经了解了人类大脑是怎么样工作的，并且模拟大脑学习模式设计出了越来越强大的超级计算机，比如战胜国际象棋世界冠军的深蓝，组合出世界最美味道的创新大厨沃森。与此同时，科学家们也在努力探索把大脑和电脑连接在一起。翻开米格尔·尼科莱利斯所著的《脑机穿越：脑机接口改变人类未来》一书，会发现这样的研究与探索最终将让人类超越脆弱的灵长类躯体以及自我的束缚，从而迎来一个全新的"人机一体"的时代。早在2003年，尼科莱利斯实验室就已经成功地在猕猴大脑皮质区植入电极，通过电子数据的直接传送，使得猕猴能够自主地控制机器人的手臂，实现了大脑意识和电脑信号的联结，也就是我们所说的"脑机接口"。大家一定不会忘记2014年巴西世界杯那激动人心的一幕，28岁截瘫青年朱利亚诺·平托开出第一脚球时所穿的"机械战甲"，它也是尼科莱利斯"重新行走项目"的研究成果。未来的人们将会实现的行为、将会体验到的感觉是我们今天根本无法想象、无法表达的。

脑机接口不仅仅会改变我们使用工具的方法，还会改变我们彼此交流以及与遥远的环境或世界进行联系的方式。对于脑机连接为人类带来怎样的未来生活，这些描述都还仅仅是万中之一。当脑机互联、万物互联成为现实，"互联网+"将带领我们走向无限美好的未来，也许到那个时候，无论是科幻，还是神话，都可能成为现实。

3.5 "互联网+"思维训练

思维决定行为，行为决定结果。互联网时代，要想更好地实现个人成长以及企业发展，把握住时代脉搏，建立互联网思维以及实现"互联网+"思维的转变必不可少。那么，"互联网+"思维该怎样培养呢？

3.5.1 学会用"互联网+"思维看问题

现今，互联网思维已成为极其重要的商业思维，"互联网+"思维更是跨界融合、生态发展的优秀思维。就如百度公司创始人李彦宏曾对众多传统行业老板所说："我们这些企业家今后都要有互联网思维，可能你做的事情不是互联网，但你的思考方式要逐渐从互联网的角度去想问题！"企业如此，个人亦如此。在碰到问题时，用传统的思维方法，我们难以弄清时，应该从互联网的角度去看问题；碰到行业瓶颈难以明了时，我们应该学会用

"互联网+"思维看问题，从跨界融合、生态发展等更多维度去看问题。

3.5.2　积极用"互联网+"思维分析问题

"互联网+"思维的背后是互联网思维。一个问题的产生，总是会有许多原因，那么哪一个才是主要原因呢？在互联网大环境下，分析一个问题，我们需要多用互联网思维去理解。比如客户给你的网店打了差评，从正常的角度，可能会认为是产品质量问题。而从互联网思维的角度去分析，我们可能会发现，居然是某个环节的服务让他感到不满。这样我们采取的对策就是，关注细节、提升体验，而不单单是关注产品质量。

3.5.3　尝试用"互联网+"思维解决问题

分析问题的最终目的，还是要落实到解决问题。在碰到问题时，我们要多尝试用"互联网+"思维方法论去解决问题，将碎片化、分布式、多并发、扁平化、高维度、高频率、生态平衡等思维方法论，融于实际，解决具体问题。比如处理学习时间不够用的矛盾，我们可以用碎片化学习的方法，持之以恒，积少成多，不断突破；再比如当我们第一次去面对一个要解决的重要事项时，我们可以用"高维度"的方法论，做多维度的思考，多维度的准备，让自己能更轻松地应对；又比如，当我们靠个体力量去完成一件事项成本过大或不太可能实现时，我们可以用"跨界融合"的方法论，去整合资源，发挥团队的力量去解决。

3.6　课后思考

1. 在现实生活中，让你感触深刻的"互联网+"思维有哪些？它们都有哪些成功案例？

2. 有哪些行业急需"互联网+"？如果要你开创这个行业"互联网+"的首例，你将怎样实现？

第四章

大数据思维

在甲型H1N1流感爆发的几周前，互联网巨头谷歌公司的工程师们在《自然》杂志上发表了一篇引人注目的论文，它令公共卫生官员们和计算机科学家们感到震惊。

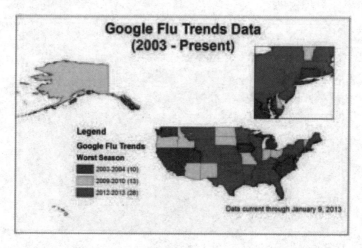

图4.1　甲型H1N1流感爆发地区示意图（图片来自网络）

文中解释了谷歌为什么能够预测冬季流感的传播，不仅是全美范围的传播，甚至是具体的地区或者州。谷歌保存了多年来所有的搜索记录，而且每天都会收到来自全球超过30亿条的搜索指令，谷歌通过分析人们在网上的搜索记录来完成这个预测，谷歌庞大的数据资源也足以支撑和帮助它完成这项工作。

发现能够通过人们在网上检索的词条辨别出其是否感染了流感后，谷歌公司把五千万条美国人最频繁检索的词条和美国疾控中心在2003年至2008年间季节性流感传播时期的数据进行了比较。其他公司也曾试图确定这些相关的词条，但是它们缺乏像谷歌公司一样庞大的数据资源、处理能力和统计技术。

虽然谷歌公司的员工猜测，特定的检索词条是为了在网络上得到关于流感的信息，如"哪些是治疗咳嗽和发热的药物"，但是找出这些词条并不是重点，他们也不知道哪些词条更重要，更关键的是，他们建立的系统并不依赖于这样的语义理解。他们设立的这个系统唯一关注的就是特定检索词条的频繁使用与流感在时间和空间上的传播之间的联系。谷歌公司为了测试这些检索词条，总共处理了4.5亿个不同的数字模型。在将得出的预测与2007年、2008年美国疾控中心记录的实际流感病例进行对比后，谷歌公司发现，他们的软件发现了45条检索词条的组合，一旦将它们用于一个数学模型，他们的预测与官方数据的相关性高达97%。和疾控中心一样，他们也能判断出流感是从哪里传播出来的，而且他们的判断非常及时，不会像疾控中心一样要在流感爆发一两周之后才可以做到。

所以，2009年甲型H1N1流感爆发的时候，与习惯性滞后的官方数据相比，谷歌成为了一个更有效、更及时的指示标。公共卫生机构的官员获得了非常有价值的数据信息。惊人的是，谷歌公司的方法甚至不需要分发口腔试纸和联系医生——它是建立在大数据的基础之上的。这是当今社会所独有的一种新型能力：以一种前所未有的方式，通过对海量数据进行分析，获得有巨大价值的产品和服务，或深刻的洞见。基于这样的技术理念和数据储备，下一次流感来袭的时候，世界将会拥有一种更好的预测工具，以预防流感的传播。

4.1 何为大数据

4.1.1 量够大就是大数据吗

在人类的发展史上，对于数据的依赖往往是抽样数据、局部数据。当需要实时数据，或者说需要现实数据做佐证的时候，往往会因为数据体量不足或者不够全面等原因，而只能依靠假设、理论，或者主观的单纯价值观去探索发现未知领域的规律，在这种情况下，人类对世界的认识是非常有限的，甚至是愚蠢的。现如今，我们有机会在众多领域和更加深入的层次获得和利用全面、完整而系统的数据，有了这些数据的支持，人类才可能探索现实世界的规律，获取未曾获取的知识，把握前所未有的商机。

图4.2　大数据时代（图片来自网络）

我们身边到底有多少数据，在以怎样的速度增长着？南加利福尼亚大学安嫩伯格通信学院的马丁·希尔伯特（Martin Hilbert）进行了一个比较全面的研究，他试图得出人类所创造、存储和传播的一切信息的确切数目。他的研究范围不仅包括书籍、图画、电子邮件、照片、音乐、视频（模拟和数字），还包括电子游戏、电话、汽车导航和信件。马丁·希尔伯特还以收视率和收听率为基础，对电视、电台这些广播媒体进行了研究。

有趣的是，在2007年，所有数据中只有7%是存储在报纸、书籍、图片等媒介上的模拟数据[①]，其余全部是数字数据[②]。但在不久之前，情况却完全不是这样的。虽然1960年就有了"信息时代"和"数字村镇"的概念，但实际上，这些概念仍然是相当新颖的。甚至在2000年的时候，数字存储信息仍只占全球数据量的四分之一；当时，另外四分之三的信息都存储在报纸、

———————————

① 模拟数据也称为模拟量，相对于数字量而言，指的是取值范围是连续的变量或者数值，例如声音、图像、温度、压力等。模拟数据一般采用模拟信号，例如采用一系列连续变化的电子波或者电压信号来表示。

② 数字数据也称为数字量，相对于模拟量而言，指的是取值范围是离散的变量或者数值。数字数据采用数字信号，例如一系列断续变化的电压脉冲（如用恒定的正电压表示二进制数1，用恒定的负电压表示二进制数0）或光脉冲来表示。

胶片、黑胶唱片和盒式磁带这类媒介上。对于长期在网上冲浪和购书的人来说，那只是一个微小的部分。事实上，在1986年的时候，世界上约40%的计算能力都被运用在袖珍计算器上，那时候，所有个人电脑的处理能力之和还没有所有袖珍计算器处理能力之和高。但是因为数字数据的快速增长，整个局势很快就颠倒过来了。按照希尔伯特的说法，数字数据的数量每三年多就会翻一倍，相反，模拟数据的数量则基本上没有增加。

"人类存储信息量的增长速度比世界经济的增长速度快4倍，而计算机处理数据能力的增长速度则比世界经济的增长速度快9倍。"

现如今，我们所面对的数据，已经不单单是体量上的庞大，更是种类的繁杂，内容的无序。在早些时候，相信我们都已经听说过"信息爆炸"这个字眼，每个人都或多或少感受到了时代和科技急速发展所带给我们的冲击，碎片化的突发新闻，手机无休止的提示，工作指令的频繁切换都让我们应接不暇，是的，我们正身处其中———一个瞬息万变的时代！

4.1.2　时代的潮流

就像开篇所说的那样，对于疾病的预测，我们可以通过分析人们搜索行为的数据得出一个与疾控中心结果近似的结果，其实不单在公共医疗领域，这种简单粗暴的对数据表象进行分析的方法同样适合商业模式的变革。

2003年，奥伦·埃齐奥尼（Oren Etzioni）准备乘坐从西雅图到洛杉矶的飞机去参加弟弟的婚礼。他知道飞机票越早预订越便宜，于是他在这个大喜日子来临之前的几个月，就在网上预订了一张去洛杉矶的机票。在飞机上，埃齐奥尼好奇地问邻座的乘客花了多少钱购买机票。当得知虽然那个人的机票比他买得更晚，但是票价却比他便宜得多时，他感到非常气愤，于是，他又询问了另外几个乘客，结果发现大家买的票居然都比他的便宜。

飞机着陆之后，埃齐奥尼下定决心要帮助人们开发一个系统，用来推测当前网页上的机票价格是否合理。作为一种商品，同一架飞机上每个座位的价格本来不应该有差别。但实际上，价格却千差万别，其中缘由只有航空公司自己清楚。埃齐奥尼表示，他不需要去解开机票价格差异的奥秘。他要做的仅仅是预测当前的机票价格在未来一段时间内会上涨还是下降。这个想法是可行的，但操作起来并不是那么简单。这个系统需要分析所有特定航线机票的销售价格，并确定票价与提前购买天数的关系。如果一张机票的平均价格呈下降趋势，系统就会帮助用户做出稍后再购票的明智选择。反过来，如果一张机票的平均价格呈上涨趋势，系统就会提醒用户立刻购买该机票。换言之，这是埃齐奥尼针对9000米高空开发的一个加强版的信息预测系统。这确实是一个浩大的计算机科学项目。不过，这个项目是可行的。于是，埃齐奥尼开始着手启动这个项目。埃齐奥尼创立了一个预测系统，它帮助虚拟的乘客节省了很多钱。这个预测系统建立在41天之内的12000个价格样本基础之上，而这些数据都是从一个旅游网站上爬取过来的。这个预测系统并不能说明原因，只能推测会发生什么。也就是说，它不知道是哪些因素导致了机票价格的波动。机票降价是因为有很多没卖掉的座位、季节性原因，还是所谓的"周六晚上不出门"它都不知道，这个系统很单纯，"知其然不知其所以然"。

"买还是不买，这是一个问题。"埃齐奥尼沉思着。他给这个研究项目取了一个非常贴切的名字，叫哈姆雷特。

图4.3　订飞机票（图片来自网络）

和谷歌的流感预测系统类似，机票价格预测系统唯一关注的就是特定数据内容的出现频率在时间和空间上的联系，关注点都是既定结果之间的关系，对于为什么有这样的关系，并不是关注的重点。这也是大数据带给我们的挑战，从海量数据中提炼出我们所需要的内容，并加以分析，得出数据本身之外的价值。未来所有行业都将随着人工智能和数据分析而带来升级与变革。会有更多的产业和新兴商业模式诞生。大数据支撑下的智能生活将是大势所趋，因此对于自我的提升和发展方向的选择，要考虑10~20年后的工作和竞争格局。

4.2　越多越繁杂反而越好

4.2.1　结构化与非结构化

为了解释这一对概念，我们可以从计算机应用入手。在计算机的应用中，有一类应用是数据库，以往的数据库都可以归类到"关系型数据库"中，比如说：Mysql，oracle等主流关系型数据库，跳出概念层面来说，此类数据库的特点是约束多，数据格式规范且关系紧密。比如，数据之间的关系是建立在关系模型上的，数据存储需要配合"科德十二定律"。一个最直观的印象就是一张Excel表格，上面密密麻麻排满了学生的个人信息，或者公司经营的业务数据。

图4.4　对数据库的思考（图片来自网络）

伴随着互联网Web2.0时代的到来，亦是说，伴随着大数据时代的到来，关系型数据库在超大规模和高并发的场景下已经显得力不从心，暴露了很多难以克服的问题，例如高并发下的读写、海量数据的存取等。

NoSQL（注释⑤）（NoSQL = Not Only SQL），"不仅仅是SQL"，也泛指非关系型数据库，截至目前，这已经不算是一个新颖的概念，它的出现既是为了弥补传统数据库在海量数据下的不足，也是高效处理数据的时代要求，典型代表有redis，Membase，MongoDB等。非关系型数据库的一个最大的特点是存储的数据格式松散，不再要求保存数据时需要遵循统一的格式，MongoDB甚至可以实现类似关系数据库单表查询的绝大部分功能，而且还支持对数据建立索引。

传统的数据库引擎要求数据高度精确和准确排列。数据不是单纯地随意储存，它往往被划分为包含"字段"的记录，每个字段都包含了特定种类和特定长度的信息。比方说，某个数值字段是7个数字长，一个1000万或者更大的数值就无法被记录。一个人想在某个记录手机号码的字段中输入一串汉字是"不被允许"的。想要被允许也可以，需要改变数据库结构才行。现在，我们依然在和电脑以及智能手机上的这些限制进行斗争，比如软件可能拒绝记录我们输入的数据。索引是事先就设定好了的，这也就限制了人们的搜索。增加一个新的索引往往既消耗时间，又惹人议论，因为需要改变底层的设计。传统的关系数据库是为数据稀缺的时代设计的，所以能够也需要进行仔细策划。在那个时代，人们遇到的问题无比清晰，所以数据库被设计用来有效地回答这些问题。但是，这种数据存储和分析的方法越来越和现实相冲突。我们现在拥有各种各样、参差不齐的海量数据。很少有数据完全符合预先设定的数据种类。而且，我们想要数据回答的问题，也只有在我们收集和处理数据的过程中才会知道。

这些现实条件导致了新的数据库设计的诞生，它们打破了关于记录和预设字段的成规。预设字段显示的是数据的整齐排列。最普遍的数据库查询语言是结构化查询语言，英文缩写为SQL——它的名字就显示了它的僵化。但是，近年的大转变就是非关系型数据库的出现，它不需要预先设定记录结构，允许处理超大量五花八门的数据。因为包容了结构多样性，数据库就要求更多的处理和存储资源。但是，一旦考虑到大大降低的存储和处理成本，这也是一个值得的交易。

帕特·赫兰德（Pat Helland）是来自微软的世界上最权威的数据库设计专家之一，在一篇题为《如果你有足够多的数据，那么"足够好"真的足够好（If You Have Too Much Data, then 'Good Enough' Is Good Enough）》的文章中，他把这称为一个重大的转变。分析了被各种各样质量参差不齐的数据所侵蚀的传统数据库设计的核心原则，他得出的结论是："我们再也不能假装活在一个整齐的世界里。"他认为，处理海量数据会不可避免地导致部分信息的缺失。虽然这本来就是有"损耗性"，但是能快速得到想要的结果弥补了这个缺陷，赫兰德总结说："略有瑕疵的答案并不会伤了商家的胃口，因为他们更看重高频率"

传统数据库的设计要求在不同的时间提供一致的结果。比方说，如果你查询你的账户余额，系统会提供给你确切的数目；而你在几秒钟之后查询的时候，系统应该给你一致的结果，不会有任何改变。但是，随着数据数量的大幅增加以及系统用户的增加，这种一致性将越来越难保持。不能幻想数据总是结构一致的，同样要拥抱混杂的数据。

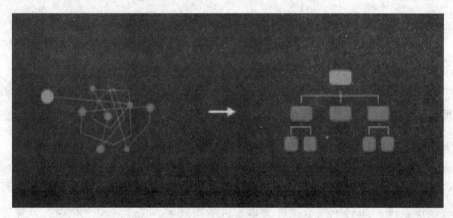

图4.5　数据的处理（图片来自网络）

"据估计，只有5%的数字数据是结构化的且能适用于传统数据库。如果不接受混乱，剩下95%的非结构化数据都无法被利用，比如网页和视频资源。通过接受不精确性，我们打开了一个从未涉足的世界的窗户。"

跳出"结构"和"非结构"的框架，让我们重新审视我们身边的数据，它们有且只有一个共同点，就是差异化。当我们能够接受模糊、不确定，甚至错误的存在，我们就能得到一个事物更完整的概念。

Zest Finance，一个由谷歌前任首席信息官道格拉斯·梅里尔创立的公司，用自己的经验再次证明了"宽容错误会给我们带来更多价值"这一观点。

这家公司帮助决策者判断是否应该向某些拥有不良信用记录的人提供小额短期贷款。传统的信用评分机制关注少量突出的事件，比如一次还款的延迟，而ZestFinance则分析了大量不那么突出的事件。2012年，让ZestFinance引以为傲的就是，它的贷款拖欠率比行业平均水平要低三分之二左右，这其中的秘诀就是拥抱混杂。

梅里尔说，"有趣的是，对我们而言，基本上没有任何一个人的信息是齐备的，事实上，总有大量的数据缺失"，由ZestFinance创建的用来记录客户信息的矩阵是难以想象的稀疏，里面充满了数据的空洞，但ZestFinance在这些支离破碎的数据中如鱼得水。举个例子，有10%的客户属性信息显示"已经死亡"，但是依然可以从他们身上收回贷款。梅里尔一脸坏笑地说："显然，没有人会企盼僵尸复活并且主动还贷。但是我们的数据显示，放贷给僵尸是一项不错的生意。"

关系模型：用二维表格的形式表示实体和实体间联系的数据模型，具体记述了现实世界抽象和具体记述符号之间的关系。

由数据库的关系模型的先驱埃德加·科德（Edgar F.Codd）提出的，使数据库管理系统关系化需满足的十三条（从0至12）准则，又称为"黄金十二定律"。

SQL是结构化查询语言（Structured Query Language）的简称。SQL语言是一种数据库查询和程序设计语言，用于存取数据以及查询、更新和管理关系数据库系统；同时也是数据库脚本文件的扩展名。NoSQL与之相对，意味着不仅仅是SQL。

4.2.2 信息孤岛到信息爆炸的转变

只要一点想象力，万千事物就能转化为数据形式，并一直带给我们惊喜。IBM获得的"触感技术先导"专利与东京的越水重臣教授对臀部的研究工作具有相同理念。知识产权律师称那是一块触感灵敏的地板，就像一个巨大的智能手机屏幕，其潜在的用途十分广泛。它能分辨出放置其上的物品，它的基本用途就是适时地开灯和开门。然而更重要的是，它能通过一个人的体重、站姿和走路方式确认他的身份，它还能知道某人在摔倒之后是否一直没有站起来。有了它，零售商可以知道商店的人流量。当地板数据化了的时候，它就能滋生无穷无尽的用途。

这听起来似乎很荒谬，但是另一个荒诞的事实却是：科学技术的高速发展恐怕是把人类的想象力远远地甩在了后面，我们应该担心的是遗漏了获取数据的途径。

图4.6　数据的收集（图片来自网络）

对于数据的收集，当下正呈现出"全方位、多渠道、大体量"的特点。如果你读到这里使用的是触感纸质书，或许可以通过数据分析出你当前的阅读状态，是疲劳的，还是聚精会神的；如果你停留在这段文字上时间太久，或许通过你的眼神数据可以分析出你正在发呆。你手机记录的运动轨迹会暴露你的生活轨迹，结合睡眠数据，进而可以得知你的生活状态，分析你的职业、你的作息，甚至你的体型。你的消费记录也会直接反映出你的消费水平、理财观念、信用评价。在这个信息大爆炸的时候，一切能够收录信息的事物，都将是数据的来源，而且必将是相互联系的。

4.3 数据价值的多样性

4.3.1 数据价值的提炼

"不同于物质性的东西，数据的价值不会随着它的使用而减少，而是可以不断地被发掘。"

电动汽车的兴起丰富了人们的购车选择，也给环境治理带来了新的手段，但是技术上的瓶颈和新鲜事物对于市场和消费者的冲击，往往会带来其他问题，电动汽车能否作为一种交通工具成功普及，其决定因素多如牛毛，但多数都与电池的寿命相关。司机需要能够快速而便捷地为汽车电池充电，电力公司需要确保提供给这些车辆的电力不会影响电网运转。几十年的试验和错误才实现了现有加油站的有效分配，但电动汽车充电站的需求和设置点目前还不得而知。电动汽车的故事或许能给我们对于数据价值的挖掘带来更多的思考。

在2012年进行的一项试验中，IBM曾与加利福尼亚州的太平洋天然气与电气公司以及汽车制造商本田合作，收集了大量信息来回答关于电动汽车应在何时何地获取电力及其对电力供应的影响等基本问题。基于大量的信息输入，如汽车的电池电量、汽车的位置、一天中的时间以及附近充电站的可用插槽等，IBM开发了一套复杂的预测模型。它将这些数据与电网的电流消耗以及历史功率使用模式相结合。通过分析来自多个数据源的巨大实时数据流和历史数据，能够确定司机为汽车电池充电的最佳时间和地点，并揭示充电站的最佳设置点。最后，系统需要考虑附近充电站的价格差异，即使是天气预报，也要考虑到。例如，如果是晴天，附近的太阳能供电站会充满电，但如果预报未来一周都会下雨，那么太阳能电池板将会被闲置。系统采用了为某个特定目的而生成的数据，并将其重新用于另一个目的，换言之，数据从其基本用途移动到了二级用途。这使得它随着时间的推移变得更有价值。汽车的电池电量指示器告诉司机应当何时充电，电网的使用数据可以通过设备收集到，从而管理电网的稳定性。这些都是一些基本的用途。这两组数据都可以找到二级用途，即新的价值。它们可以应用于另一个完全不同的目的：

确定何时何地充电以及电动汽车服务站的设置点。在此之上，新的辅助信息也将纳入其中，如汽车的位置和电网的历史使用情况。而且，这些数据不止会使用一次，而是随着电子汽车的能耗和电网压力状况的不断更新，一次又一次地为IBM所用。

"数据的真实价值就像漂浮在海洋中的冰山，第一眼只能看到冰山一角，而绝大部分则隐藏在表面之下。"

明白了这一点，那些创新型企业就能够提取其潜在价值并获得潜在的巨大收益。总之，判断数据的价值需要考虑到未来它可能被使用的各种方式，而非仅仅考虑其目前的用途。在之前引用的例子中这一点体现得非常明显。奥伦·埃齐奥尼（Oren Etzioni）的哈姆雷特项目利用机票销售数据来预测未来的机票价格；谷歌重复使用搜索关键词来监测流感的传播；梅里尔的ZestFinance让"僵尸"还贷款。

4.3.2　与时俱进的生命活力

并非对数据的二次挖掘才使得数据的价值得到再次展现，保持数据的鲜活，同样是提升数据价值的一种方法。在过去的20多年中，微软为其Wold软件开发出了一个强大的拼写检查程序，通过与频繁更新的字典正确拼写相比较来对用户键入的字符流进行判断。字典囊括了所有已知词汇，系统将拼写相似但字典中没有的词汇判断为拼写错误，并对其进行纠正。由于需要不断编译和更新字典，微软Word的拼写检查仅适用于最常用的语言，并且每年需要花费数百万美元的创建和维护费用。随着网络热词的不断产生，微软字典的维护将变得越来越困难，体量上也会变得越来越臃肿，也难怪Word软件会占用更大的空间。但是这种困境却来自于微软本身，字典的数据不够灵活，无法接收来自每个人的信息，最新的数据内容还需要自行维护。

现在再来看看谷歌是怎么做的吧。可以说，谷歌拥有世界上最完整的拼写检查器，基本上涵盖了世界上的每一种语言。这个系统一直在不断地完善和增加新的词汇，这是人们每天使用搜索引擎的附加结果。你输错了ipad吗？我们觉得你输入的也是ipad的，所以我们帮你自动填写上。iphone100是什么？喔，这貌似是个新词汇，我们还不知道，但是没关系，你下次输入我们就知道了。

而且，谷歌几乎是"免费"地获得了这种拼写检查的，它依据的是其每天处理的30亿查询中输入搜索框的错误拼写。一个巧妙的反馈循环可以将用户实际想输入的内容告知系统。当搜索结果页面的顶部显示。你要找的是不是"流行病学"时，用户可以通过点击正确的术语明确地"告诉"谷歌自己需要重新查询的内容。或者，直接在用户输入的界面上联想出用户心中的内容，因为它很可能与正确的拼写高度相关。这实际上比看上去更有意义，因为随着谷歌拼写检查系统的不断完善，人们即使没有完全精确地输入查询内容也能够获得正确的查询结果。谷歌的拼写检查系统显示，那些"不合标准"、"不正确"或"有缺陷"的数据也是非常有用的。有趣的是，谷歌并不是第一个有这种拼写想法的公司。2000年左右，雅虎也看到了从用户输错的查询中创建拼写检查系统的可能性，但只是停留在了想法阶段，并未付诸实践。旧的搜索查询数据就这样被当成了垃圾对待。同样，Infoseek和Alta Vista这两个早期流行的搜索引擎，虽然在那个年代都拥有世界上最全面的错别字数据库，但它们未懂得欣赏其中的价值。在用户不可见的搜索过程中，它们的系统将错别字作为"相关词"进行了处理，但是它的依据是明确告诉系统对与错的字典，而不是鲜活的、有生命的用户交互的总和。

图4.7　网络搜索查询（图片来自网络）

对错误数据的搜集、联想，并实时地做出有价值的反馈和补充，正是让数据保持鲜活的有效做法，而且数据的对与错都有其存在的意义。当时的想法已经被现在很多企业所吸纳，而且体现在诸多角落。对于一个开发输入法的企业来说，任何用户的输入都是有时代参考价值的，因为你永远不知道下一个网络热词会从谁的口里冒出来。对于一个搜索引擎来说，"你想找的是不是"和"你或许还想找"等功能几乎是必需的。电商平台的推荐系统，或许总能知道你现在想买什么。凡此种种，都需要时刻从最终用户那里获取一手信息，而且这种一手信息一定有参考意义，因为那是用户的心声，那是用户的需求。

4.3.3　双刃剑

无疑，通过对海量的数据进行分析，我们基本上可以认为我们分析中所用到的数据就是全部数据，即"样本等于总体"，分析的结果基本接近于现实。之所以敢于这么说，是因为越来越多的信息机构变得越来越透明、开放。

就像奥巴马上任第一天所说的那样：

"我的这届政府将致力于建设一个前所未有的开放政府。"

"每一个联邦政府的机构和部门必须知道，本届政府将会毫无保留地支持信息公开，本届政府不会站在设法截留、隐藏信息的一方。"

"为了引领一个开放政府的新时代，面对信息，政府机关的第一反应必须是公开。这意味着我们必须坚定地公开信息，而不是等待公众来查询。所有的政府机关都应该利用最新的技术来推进信息公开，这种公开，应该是及时的。"

一片掌声中，奥巴马结束了他的讲话。

他随即伏案，用他特有的左手姿势签发他任内的第一份总统令：13489号总统令。该总统令直接推翻了布什总统于2001年9月签发的13233号总统令。那是"9·11"袭击事件发生的当月，布什总统以国家安全的名义，通过该命令限制了公众查阅总统文件的权利。奥巴马首先拿自己的权利开刀，宣布放松对于总统文件的管制。

图4.8　左一为副总统拜登（图片来源：Mark Wilson/Getty Images）

其中的意味，自然深长。

但是，绝对的透明带来的不仅是丰富的信息，更是极大的安全隐患。且不说奥巴马和布什二位总统对于信息开放程度的理解，单从我们身边，就足以发现这些问题。

你随手丢弃的购物小票；你未销毁的快递单；你蹭到了所谓安全的免费WIFI，以上种种，都是你泄露个人信息的途径，但是你可能会说，这些事情太基础了，都是从自身就可以避免的，而且就算泄露了，也不过是一些无关紧要的信息。

徐玉玉事件，我们不应该忘记。学费被骗，气急愤懑导致病发身亡，而骗子所用的骗术竟然是以发放奖学金为由，诱导学生将学费打入指定账户，然后连同奖学金一同提取这种令人不屑而又下三滥的招数。骗子想要完成整个过程，只需在获取录取信息的基础上，再组织一点花言巧语即可。

然而，这只是一点涟漪而已。

黑市上出现重磅"炸弹"，据称某东商城数据泄露，12GB用户信息"脱库"（指被未授权的第三方下载了数据库信息，产生安全隐患），其中包括用户名、密码、邮箱、QQ号、电话号码、身份证等多个关键维度，记录数达到千万级。全部信息在市面上明码标价，10万~70万不等。

据业内人士称，数据已被销售多次，至少有上百个黑产者手里掌握了数据，大部分数据外泄后，黑客会先进行所谓第一次"洗库"，登录账户，将有价值的内容清洗一遍，比如登录游戏账户，将虚拟币转走。

第二次"洗库"，数据将被出售，数据的直接价值榨取殆尽了，再给市面上的人来分赃，值得注意的是，这些数据的用户密码都进行过MD5加密，要通过专业破解软件，才能得到原密码。MD5加密是一种不可逆向的加密方式，加密后的内容无法还原成原始数据。一般MD5破解需要一定时间，但有些密码在数据库中已被其他人解密过，能瞬间破解，比如123456；如果是一个新密码，破解时间就较长。可瞬间破解的账号，一般只占3%~5%。

黑客拿到这些数据，还可进行撞库操作，所谓"撞库"，是一个黑产的专业术语，就是黑客会通过已泄露的用户名和密码，尝试批量登录其他网站，获取数据。诚然，大部分人为了记得住，都会用同一个用户名和密码，导致撞库成功率极高。伤害值最高最直接的，就是撞进一些金融账户，直接将资金转走。"撞库"之后甚至还不算完，有实力的黑客还可以对账户数据进行分析，获取用户的订单信息、浏览商品、喜好等隐秘数据，将分析结果提供给"有需要"的人。

图4.9　网络也需要锁（图片来自网络）

无论信息被动地泄露也好，还是主动地被窃取也好，无非是为了获取利益，而且是超乎想象的利益。虽然泄露公民个人信息，在各个国家都是违法行为，但是这其中的暴利仍然让人们趋之若鹜。但是，只要社会上有这种需求存在，交易便不会停止。家居装修公司需要刚刚买入新房的人的信息，以便更快地找到需要自己服务的人，这样能大大地缩短寻求业务的时间，通过广告宣传，短期内无法见效，而且消费者对你的认同感偏低，无法直接产生订单转化，此时你急需一份可靠的名单，上面的人群都是需要装修的人，那么现在的问题就成了你只需要找到一个拥有这份名单的人就可以了，那么这种名单，谁最有可能有呢？同样的，刚刚买入了汽车，便收到了汽车保险产品销售人员的电话；刚刚银行贷款被拒，就收到了小额贷款公司的放款电话，只需身份证，无需信用记录；更有甚者，病危患者病房的门口，已经有多家殡仪公司在等候……

虽然有点危言耸听，但事实上，情报贩卖产业已经非常成熟和有序，每个领域都有各自的情报贩子，情报贩子之间进行情报交换，层层加价，形成一个庞大的地下情报交易网络，这其中的敏感信息甚至可以漫天要价，比如，一个尿毒症患者的精准信息和一个匹配的肾源信息。

4.4 数据化思维训练

4.4.1 学会把握搜集信息的渠道

我们获取信息的渠道已经不仅仅是书籍、图画、电子邮件、照片、音乐、视频等，面对纷繁复杂的数据海洋，我们一定要学会把握身边现成的渠道。当然，互联网的搜索是最优先的，但是并不一定是最好的，因为搜索的结果需要我们的二次过滤，针对我们的需要，一定要有一个有针对性的专业站点供我们查询。比如，如果我们需要企业的信息，我们可以考虑天眼查（www.tianyancha.com），如果我们需要上市公司的相关信息，那么可以直接查询该公司的财报，这毕竟是公开数据。往大里说，国家统计局的统计数据也可以供我们参考。

4.4.2 掌握至少一门分析数据的技能

相信微软的Excel我们都不陌生，针对一般体量的数据，完全可以胜任；体量稍大一些，Excel的VBA编程可以辅助我们加速我们的数据处理。如果还不能满足要求，那么就需要考虑学习一门编程语言了，Java、php、JavaScript 都可以是我们分析数据的得力助手，在一个信息时代掌握一门编程语言，绝对可以让你在工作中事半功倍，无论你是否是IT从业者。如果你是IT从业者，那么Hadoop、Scala等大数据相关的技能一定要是你的技能之一才行。

4.5 课后思考

1.一家生产办公椅的厂商决定让你当他们的市场顾问，你打算从哪些角度给他们提出建议，如何给出这些建议？

第五章

社会化思维

在"2012中国经济年度人物"颁奖现场，万达集团董事长王健林与阿里巴巴集团董事会主席马云针尖对麦芒地火拼了一把。王健林称："电商再厉害，但像洗澡、捏脚、掏耳朵这些业务，电商是取代不了的。我跟马云先生赌一把，2022年，也就是10年后，如果电商在中国零售市场占50%，我给他一个亿，如果没到他还我一个亿。"马云回答："我告诉你们一个好消息，电商肯定不会取代传统零售行业；我再说一个坏消息，电商会基本取代你们（传统零售行业）。"

图5.1　2012年度经济人物颁奖现场（图片来自网络）

两位商业大咖，各放狠话。我们不去判断最终双方谁会胜出，他们的赌局切实代表了当下传统行业和互联网行业的对峙。在浩浩荡荡的互联网浪潮下，一面是互联网企业的高歌猛进，一面是传统企业触网的慷慨悲歌。无论是对于互联网企业，还是对于传统企业，这就是大变革的时代。

随着信息技术的发展，社会网络的普及，互联网逐渐成为商业社会的基础设施。不管你是传统企业还是互联网企业，谁能够充分理解商务本质并且利用好互联网工具和互联网思维去优化企业的价值链条，谁就能够赢得这场商业竞争。

小米模式互联网思维是经典案例，从小米的发展史来看：

2010年4月6日，小米刚刚创办时只有14位员工，当时的估值是2500万美元。

2010年年底，小米完成A轮融资，估值变成了2.5亿美元。这时小米只有54位员工，米聊正在开发，手机还没有开始做。

2011年年底，小米获得B轮融资，估值变成了10亿美元。这时候小米只有30万部手机的订单。一个号称做手机的公司一部手机都没卖出去时，就估值10亿美元。

2012年6月，小米融资2.16亿美元，估值涨到40亿美元，这时小米大概只卖出两三百万部手机。

2013年8月，小米又获得一轮融资，估值变成了100亿美元。

2014年年底，美国《华尔街日报》引述内情人士消息透露，中国小米手机生产商小米公司在最新一轮集资行动中筹得10亿美元（约合人民币61.87亿元），即反映该公司的市值高达450亿美元（约合人民币2784.11亿元）。小米已经成为中国第四大互联网公司，从市值上看，仅次于腾讯、阿里巴巴和百度。

小米的成功一定是多因素的，最关键的是小米利用了互联网思维去优化了企业的运营模式，才赢得这场商业竞争。其中，互联网思维中的社会化思维是小米成功运用的思维之一。小米具体是如何运用社会化思维，在下面的章节中会做详细的说明，那么首先让我们来了解什么是社会化思维。

5.1 社会化思维的确立

社会化的产生，主要源于Web2.0理念的兴起，它倡导了一种开放、参与、分享、创造的理念，推动了一种用户主导、以人为本的互联网运营思潮。社会化的核心是网，这里所说的网并不单纯具体指互联网，而是说受众，更准确地应该称之为用户，是以交互式的网络存在的。每个人所代表的都不仅仅是他本人，而更是一张社会化的大网。在这个大网中，社会化思维应运而生。

什么是社会化思维？

《互联网思维——独孤九剑》一书中指出，所谓社会化思维，是指组织利用社会化工具、社会化媒体和社会化网络，重塑企业和用户的沟通关系，以及组织管理和商业运作模式的思维方式。

5.2 社会化媒体

5.2.1 人人都是自媒体

社会化媒体的最大影响力就是"人人都是自媒体"。社会化媒体已经不只是在Facebook、Twitter、微博、微信等平台做一点推广活动，而是采用"互动式"在线形式，用户不仅可以参与，还可以创造内容。

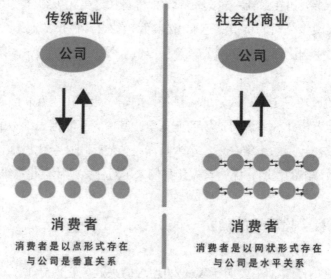

图5.2　社会化媒体示意图（来自《互联网思维——独孤九剑》）

在传统商业中，消费者以点的形式存在，与公司是垂直参与关系；在社会化商业中，消费者以网的形式存在，与公司是水平参与关系。由于社会化媒体具有实时性和交互性，所以用户正在从被动转向主动，逐渐掌握话语权，开始和企业进行平等对话，与品牌进行互动交流。在这个大变革时期，小米手机在这方面做得尤为突出：

据称，小米拥有近百人的团队负责新媒体的运营，微博30人、论坛30

人、微信20人、百度10人、QQ空间5人（备注：数据并未核对）。在微博运营中，小米公司有30多名微博客服人员，每天处理私信2000多条，评论、提问等四五万条，通过在微博上互动和服务让小米手机深入人心。某用户买了一部小米手机经常死机，就在微博上吐槽一下，15分钟就得到微博客服的专业回复。

此外，2017年8月29日，由凤凰科技报道，小米云服务用户突破2亿，将继续打造开放生态云。

图5.3　小米云平台副总裁崔宝秋（图片来自网络）

继MIUI联网激活用户突破2.8亿之后，小米今天宣布其云服务（MiCloud）用户数量突破2亿。

从2015年11月的用户数超过1.1亿到如今的2亿，这对于5岁的小米云来说，具有里程碑式的意义。今年7月7日，小米公司董事长兼CEO雷军宣布小米第二季度手机出货量突破2316万台，环比增长70%，创下小米季度手机出货量的新纪录。

小米手机销量的猛增也推动了小米云服务用户数量的增长。"这也就意味小米手机对用户有长期的黏性，这些用户的留存对小米是有价值的"，崔宝秋说。

崔宝秋坦陈："小米云服务现在有150PB的数据，是个惊人的花费，提供优质的云服务，也是一个巨大的挑战。"但在他看来，小米是一家注重用户体验的移动互联网公司，在这方面的投入是有必要的。

注重用户参与，关注用户体验，以用户需求为根本，将企业组织"个人"化，从"管理"和"把控"中走出来，与用户沟通，实时交互，是小米从众多手机品牌中脱颖而出，抢占市场份额的最重要因素。这些因素正是小米社会化思维的成功运用，通过微博、微信、论坛等社会化媒体，打造优质服务链条，并进行云服务投入，提高用户体验。

5.2.2　网络关系层

在社会群体中，每一个人都不是独立的个体，都生活在不同的组织、团体、关系层中。而"社会化"的核心就是"关系"。在几十年前，通讯不发达、交通不便利的时候，每个人的关系网比较局限，多是亲人、同事、个人生活圈。而在现代社会，随着社会化网络大规模兴起，让更多现实社会中难以形成的"关系层"，通过网络都可以关联和创建。

过去几年，在中国社会化媒体上，大家的注意力多集中在抢占高速成长的用户群上，而忽略了社交关系的价值，也忽略了如何在已有的一些"关系层"上进一步演化出独特价值的垂直应用。

微博、微信作为当下广泛应用的社交媒体，在传播上有着不同的理念和策略。微信基于关系传播所带来的信息链式反应，在信息流中注入了信任和精准的助推力，大大加快了传播速度。与微博主张"做大关系"不同，微信把"关系做小"，把微博的"弱联系"变成"强联系"，然后把无数个高活跃、高黏性的"小网络"变成基于"紧密关系"的"大网络"。微信的反其道而行之，挖掘紧密社交关系层的价值，并恰到好处地运用于推广中，形成关系链式传播效果。微信"抢红包"大战和支付宝集五福就是社交关系链传播的具体体现：

2014年的春节，一场"抢红包"大战在各大微信群里轮番上演。据官方数据，从除夕开始，截至大年初一16：00时，参与抢红包的用户超过500万，平均每分钟领取的红包达到9412个。

　　2016年的春节，支付宝推行集五福中大奖的活动。用户只要集齐5张福卡，就可平分春晚支付宝2.15亿元的超级大红包。截至2016年2月8日凌晨，此次活动共有791405个人集齐五福，平分了2.15亿元现金。

图5.4　加好友得五福（图片来自网络）

　　原本支付宝是通过通讯录或对方支付宝账号的方式实现建立社交关系链，用户通常不会主动添加别人为自己的支付宝好友，只有在需要转账的时候才会添加对方信息，并没有微信社交关系链的优势。但是通过集齐五福可得红包的线上推广，迅速增加用户量，用户与用户之间建立联系，形成关系网。虽然支付宝的社会关系链仍无法与微信抗衡，但马云仍在极力利用社会化关系推广支付宝，利用人们的主动传播加快人群之间的互动和扩散。

　　社交的关系链，就是个人的传播链。越来越多的人注意到社交关系链的重要性，将其运用于生意中，其速度之快，效果之好，令人咋舌。所以，如何借助社会化媒体中的关系链式进行传播，值得商业领域人士进行深入挖掘。

5.2.3　口碑营销

　　口碑，人们口头上的赞颂。在大众媒体出现之前，亲人、朋友、同事等熟人之间的口碑是商家获取顾客的重要途径。口碑营销在企业、品牌的宣传推广中起到极其重要的作用。后来，电视、广播、杂志、报纸等大众媒体逐步兴起，这些媒体成了主要的信息传递途径，企业转向依靠在媒体上发布广告影响群众。现如今，随着信息技术和互联网的发展，特别是社交网络的发展，人与人之间的网络联系越来越紧密，信息传播效率也越来越高。社交网络成了用户重要甚至首要的信息渠道来源。

信息传递的范围、速度和深度已经今非昔比。范围上不再局限于一个小群体，通过社交网络的接力转发，信息几乎可以传播到全世界任何一个角落。既有关系链中的口碑信任，又有比传统媒体更高的传播效率，口碑营销乘着社会化网络时代的东风，迎来了绝佳的时机。

吴京自编、自导、自演的电影《战狼2》自2017年7月28日上映，到8月28日12时30分，票房突破54亿，超出我们的想象，54亿的票房纪录不仅让《战狼2》成为唯一一部杀入全球票房100强的华语片，还以1.4亿+的观影人次超越《泰坦尼克号》勇夺全球单一市场冠军！巨大的成功离不开口碑营销的高超运作。

在一个互相联系的系统中，一个很小的初始能量可以造成连锁反应，这种连锁反应就被称为"多米诺效应"。2006年，圣母大学政治科学家大卫尼克森进行了一项关于投票的实验。实验人员挨家挨户敲门，与开门的人交谈，请他们为某一项选举投票。实验表明，那些与实验人员交谈的人，投票的可能性增加了10%。这个结果并不令人惊讶，因为上门拉票的政治公关方式早已被经验和数据证明是有效的。令人惊讶的在后面。这些开门人家中的其他家庭成员投票的可能性也增加了6%。也就是说，实验人员对开门人影响的60%传给了没开门的那个人。

假设这种影响会继续传导下去。如果第一个人投票的可能性增加10%，第二个人投票的可能性增加6%，第三个人是3.6%，第四个人是2.16%……

图5.5　《战狼2》电影宣传画（图片来自网络）

粗看起来，这似乎不是很大的数字。但不可忽视的是，在传染性影响的效果每传播一层就减弱一次的同时，每一层所影响到的人数却是呈指数增加的。

假设你向两个朋友推荐了《战狼2》，那么两个人购票的可能性就增加10%。但是，有4个人购票的可能性增加6%，8个人购票的可能性增加3.6%，16个人购票的可能性增加2.16%……也就是说，一个推荐能引发大约30个额外的购票可能性。如果有一个《战狼2》的忠实拥趸，成功地向36个人推荐了这部影片，那么至少1000人增加了购票的可能。

此外，微博媒体是口碑传播的主要战场。2013年4月23日，九阳在天猫电器城首发家电新品——面条机。在天猫首发的三天时间里，共卖出8920台，九阳仓库一度出现断货。其中，新浪微博为天猫上的九阳面条机销售店铺——九阳卓嘉专卖店引流25835，在8920个成交订单中，有4241个直接来自新浪微博，直接访问转化率为18.24%。

在巨大回报的背后，整体的费用投入却非常的少：微博传播投入10万元，包含广告公司的费用+试用面条机的成本，育儿达人的合作回报就是给一台面条机。

社交平台的力量，是信任的力量。在社会化媒体上营造好的口碑又会带来更多的顾客，提高销售量并培养了忠实的消费群体。在社会化媒体的环境下，口碑营销成为了企业营销最有效的方式。

5.2.4　基于社群的品牌共建

用户以网的形式存在，越来越多的品牌开始为其用户建立线上社区，建立联系，成为社群，给顾客提供分享、交流信息的平台。如母婴品牌可以为顾客建立分享、体验育儿经验的社区。品牌社区是连接品牌和用户需求的一道桥梁，而这道桥梁能帮助企业解决认知、兴趣、反馈、购买这四个方面的基本难题。在为顾客提供平台的同时，品牌也可以积累用户对品牌和产品的各种意见和看法，从而优化自己的产品和服务。

在国内时尚智能手机品牌中，魅族通过建立以产品使用分享为沟通核心的品牌社区，增强品牌与用户、用户与用户之间的互动，促进品牌价值认同，获得产品使用反馈，从而帮助产品进行功能和用户体验改进。在全国"魅友"（魅族粉丝自称）俱乐部等品牌粉丝团十分活跃，线上品牌社区积极发表测评意见，相互提供解决方案，自己开发软件产品，线下组织各种活动，原创《魅友之歌》等，成为品牌最好的传声筒和代言人。

除了线上社区，线下社区也一样。典型的例子是苹果的品牌体验店。乔布斯说，它不只是"简单"的商店，而是苹果用户交流意见的场所，体验新产品的梦幻之地——这就是乔布斯的品牌共建之道。

综上所述，可以看出随着社会化媒体不断发展，个人表达性越来越强，用户的意见对企业、对品牌的影响日益加强，企业广告对用户购买力形成的作用逐渐下滑。如今，企业已经无法全面控制自己的品牌，用户开始主动参与产品和服务共建。企业掌握对话的时代已经结束，用户从被销售对象到企业和品牌中的一分子，成为参与者、传播者及主动创造者。在这个"营销民主"的新时代，用户参与不再是形式，而是一种革命性的转变。

5.3　社会化网络

百度百科对社会化网络有如下解释：社会化网络致力于以网络沟通人与人，倡导通过网络拓展人际关系圈，让用户尽情享受社交和沟通的乐趣。社会化网络以提高网络诚信、建立信任沟通为己任，为互联网应用带来清新健康的新风尚。事实上，当下社会化网络已经不只局限于让用户尽享社交与沟通的乐趣，而更多用于社会化商业中。

社会化网络对商业运作的影响

社会化网络和工具具有高度链接和快速交互的特点，它缩短了企业与用户的距离，加快了信息传播的速度，给商业运作带来新的变革。在赵大伟的《互联网思维——独孤九剑》中就提到，社会化网络，可以重塑组织管理和商业运作模式。作者提出众包、优化服务、众筹等社会化网络作用下的新的管理和商业运作模式。

5.3.1.1　群策群力，研发众包

通过社会化网络和工具让个人和群体实现高度链接和快速交互，使得以"蜂群思维"和层级架构为核心的互联网协作成为可能。以此催生众包——一种分布式的问题解决和生产模式，是互联网带来的新的生产组织形式。

作者通过生产、研发的具体事例列举了众包运作模式。

在生产方面，列举了凯文·凯利的巨著《失控》中文版的翻译作品。不同于传统的合作翻译模式，中文版《失控》有十多位译者，12位身处天南海北、彼此互不相识的译者在网上自发组成了一个"群"，组成一个网上的虚拟团队，从一开始出于个人兴趣各自选译章节、中期相互分工和协调，完成翻译，到最后把译稿交给出版社，整个过程借由"蜂群智慧"协作推进，50万字，700页，一个半月完成翻译、校对、出版。

在研发方面，列举了宝洁"外部创新中心"的经典案例。"创新中心"聚集了9万多名科研人才，宝洁公司是"创新中心"最早的企业用户之一。该公司引入"创新中心"的模式，把公司外部的创新比例从原来的15%提高到50%，研发能力提高了60%。宝洁目前有9000多名研发员工，而外围网络

的研发人员达到150万人。

产品的生产不再是企业内部的事，研发也再不是闭门造车，而是"从群众中来，到群众中去"。

5.3.1.2 链接客户，优化服务

社会化网络的应用，给企业服务带来了巨大的变化。与传统CRM（客户关系管理）单向收集用户信息不同，社会化媒体时代的客户关系的互动与演进，给企业CRM带来了根本性的变化。社会化CRM强调互动、合作关系，而非单向地传递信息。社会化CRM把在线上参与活动的粉丝和传统CRM的数据库打通，了解粉丝、顾客、会员之间的内在联系，最终会积累成社交用户数据库（Social Customer Data Base）。再通过长期跟踪、筛选、了解后，企业能构建出有效的目标受众沟通网络。

作者列举一案例，一酒店对客户有非常完善的忠实客户优惠计划，也能通过EDM的形式及时给优惠计划顾客发送信息。近日，该酒店通过SOCIAl CRM系统，加入了优惠计划客户的社会化媒体信息，酒店会给是自己Facebook页面的粉丝的优惠计划客户提供更多增值服务，比如双倍积分等，更有意思的是，通过系统数据分析，酒店的前台和房间服务人员可以根据客户在其Facebook、Twitter上的发言和互动给客户提供量体裁衣的服务。比如给客户提供喜欢的咖啡口味、水果品种、报纸种类或者儿童玩具等。服务质量大大提高，品牌好感度也有提高。

时代发展带动产品和品牌的越加丰富，用户可选择范围越广，CRM的重要性就越大。通过网络运作增进客户深入参与，充分利用CRM数据，提高产品质量，提升产品服务，是互联网思维下注重人的价值的最好体现。

5.3.1.3 聚沙成塔，众筹融资

通过社交网络募集资金的互联网金融模式即众筹融资。

众所周知，众筹模式起源于美国的大众筹资网站Kickstarter，该网站通过搭建网络平台面对公众筹资，让有创造力的人可能获得他们所需要的资金，以便使他们的梦想有可能实现。这种模式的兴起打破了传统的融资模式，每一位普通人都可以通过该种众筹模式获得从事某项创作或活动的资金，使得融资的来源者不再局限于风投等机构，而可以来源于大众。Kickstarter是全球

化的，其发起的Peple手表项目，在很短的时间内，获得来自全球68000多人1026.6万美元的资金支持。在2012年3月8日至4月5日奥巴马总统签署《促进初创企业融资法案》（JOBS ACT）成法律后，美国的众筹融资呈现出爆炸式增长。

图5.6　众筹（图片来自网络）

除了个人大众的力量，现在也出现了专门针对企业项目融资的社会化融资平台。

天使众筹平台天使汇（Angel Crunch）成立于2011年11月，是国内排名第一的中小企业众筹融资平台，为投资人和创业者提供在线融资对接服务，是国内互联网金融的代表企业。2013年10月30日，天使众筹平台天使汇在自己的筹资平台启动众筹，为天使汇自己寻求投资。截止到2013年11月1日5时30分，天使汇的融资总额已经超过1000万元，超过天使汇自己设定的融资目标500万元一倍，创下最快速千万级融资纪录。

社会化网络的特性使融资变得更加大众化、更加开放、门槛更低，能便捷地集中大家的资金、能力和渠道。

5.3.1.4　广罗人才，精准匹配

社会化网络也可以应用到招聘工作中，并且广罗人才，精准匹配。与传统

招聘网站获得简历的质量和针对性不高，在报纸、杂志等传统媒体发布效果没有保证，招聘外包服务机构成本高等相比较，社会化招聘有着突出的优势。

通过社会化网络把人力资源工作社会化，企业招聘活动的"社会化"，把企业招聘行为，以社会化媒体为载体，通过社会关系的口碑传播、发布、获取职位和人才信息，帮助企业更高效、更精准、更省钱地完成企业招聘的工作，同时，形成人才社群，提高人才库动态调节的能力。

更多元的信息渠道，传统平台广泛、零散，社会化平台细分、集中。找不同类型的人要去不同的平台。招文案和微博专员上豆瓣，招客服上58，招技术上落伍者和中国站长站，招兼职写手上猪八戒，招淘宝店长上派代和马伯乐等，像网络推广揽客一样，换位思考，抓住用户行为轨迹，目标人群在哪里，你就锁定哪里。

华艺百创传媒总裁杜子建较早就尝试在微博上招人。

【微招聘】

这次，只招聘身体不便、只能在家的兼职人员，最好有残疾证的。20人，没别的要求，只要求会写微博，能打字即可。有意向的，可以加这个QQ。每次只接纳20个。

微博发布后，三天之内即有上百人报名，最终成功选拔出20人，杜子建对这个结果表示满意。

因此，笔者觉得"人人猎头"这个平台的名字取得真好，把社会化的特点展现无余，那就是人人参与的力量。

以上是赵大伟对社会化网络对重塑组织管理和商业运作模式的影响的阐述。事实上，社会化网络对商业的影响远不止以上几点。社会化媒体和网络带来的巨大变革，不仅能够给沟通模式带来新突破，而且会进一步改变企业生产、研发、客服等各个环节，以致重塑企业的组织管理和整个商业运作形态。

5.4 "互联网+电商"

"互联网+"模式正在开启一个全新的时代，超过我们的想象。

2015年，第十二届全国人民代表大会第三次会议正式提出制定"互联网+"行动计划。这一理念强调创新与融合，强调将互联网创新成果融入经济生活各个领域。未来的社会将是互联网+大数据、互联网+电商、互联网+金融、互联网+教育、互联网+医疗、互联网+智慧城市等万物互联的世界。目前"互联网+电商"呈现快速发展态势。据eMarketer预测，未来几年里中国将保持全球最大零售电商领袖地位，零售电商的市场规模到2020年将达到2.416万亿。还预测中国今年零售业销售总额达4.886万亿美元，而电商销售额将接近9000亿美元，将近全球电商零售的一半。

5.4.1　什么是电商？

什么是电商？电商是企业利用电子网络技术和相关的技术来创造、提高、增强、转变企业的业务流程或业务体系，使之为当前或潜在的客户创造更高的价值的商业模式。

大多数人从事电商是以增加销量为唯一目标，从而忽略了电商具有的五大价值：增加和顾客的互动交流、在线品牌拓展、增加服务价值、降低成本、增加销售。其中，增加和顾客的互动交流、在线品牌拓展、增加服务价值才是传统企业发展电商之因，而增加销售和降低成本是随之而来之果。

5.4.2　电商的社会化思维

北大社会学博士姜汝祥对未来电子商务形态的判断："基于移动互联网的电商2.0在全球都才刚刚开始，在中国部落电商更有价值，因为中国人在人际交流方面的需求要比西方强得多。微信的价值在于作为部落电商的入口，人们在微信形成初级的部落聚合。基于移动互联网的部落电商体系刚刚发展起来，具有较大的投资价值。在这个意义上，任何一家公司做电商，如果只做成公司产品层面的电商，无疑就把自己低估了，要做就做基于客户聚合的电商。"

从姜汝祥的言论中不难看出互联网思维下的商业更注重人的价值。每一个电商从业者或企业，都要走出打价格战、广铺货的怪圈，用社会化思维去开辟新的电子商务模式。那么电商如何应用互联网的社会化思维去开展变革性的商业模式?

首先，在人人都是自媒体的时代，注重企业与用户的平等沟通方式。企业需要更多地聆听和采取用户的建议，学会"倾听"，学会"接受"，实现企业与用户的"拥抱"。在产品开发中考虑到让用户能自然往外传播的点，最后让用户主动帮你推广，这是社会化思维的结构，无微博、微信、小米都是用这样的思维在开发产品。

其次，在社会化网络时代，新媒体营销是电商企业重要甚至首要的营销方式。新媒体是社交网络的载体，利用数字技术、网络技术，通过互联网、无线通信网以及电脑、手机、数字电视机等终端，向用户提供信息。例如，电商中常用到的论坛营销、话题营销、红人营销都是基于社交网络，对品牌或产品进行推广。这种推广方式大大提高了传播效率，同时给受众群体带来强烈的购物引导。

再次，互联网时代的生存方式可能是——产品型社群。《产品型社群》一书中提到，这是互联网时代社会组织的新特征，是家庭、企业之外的一种新的连接方式。产品型社群并非互联网文明下企业生存的唯一方式，但这条路径是目前已被验证且符合逻辑推演的一条路径。当企业能够用优秀的产品连接用户、粉丝群体，经营自身的产品社群，做到营销和产品合一，粉丝和用户合一时，那么就未必要通过产品直接盈利。互联网时代的企业需要更多地接触用户、粉丝与市场，因此它的组织形式也注定更为扁平，将实现管理和产品合一、内部和外部合一。

最后，是社会化CRM，也是数据时代。社会化CRM把多种社会化营销活动进行连接，对用户进行持续的数据跟踪和深入的数据挖掘，了解目标受众，发现潜在客户。在电商发展的过程中，还有一大部分的企业暂时还做不到系统地积累社交用户数据库。但是，对于品牌运营来说，未来的品牌竞争，归根结底是CRM的战争。企业通过网络运作增加客户深入参与，同时提供更优质的个性化、人性化的服务。

总而言之，电商的理想状态应该全渠道电商。利用所有的销售渠道，将消费者在各种不同渠道的购物体验无缝联结，最大化实现消费过程的愉悦性。它既有电子商务固有的优势，如丰富的产品、比价、互动、评价等，也有线下实体店的优势，如体验、直接咨询沟通、探讨等。也就是说，品牌商应该在各个渠道、各个终端，给消费者提供更专业、更全面的消费体验。

5.5　社会化思维训练

马云说："没有传统的企业，只有传统的思想。"在美国的电商格局中，前十名电商企业，有八家是传统零售企业。在国内，2013年淘宝"双十一"大促，前五名分别是：小米官方、海尔官方、骆驼、罗莱家纺和杰克琼斯，淘品牌已经跌出了销量的前五名。

其中，小米是运用社会自媒体的效应成功逆袭的品牌。随着互联网的不断发展和普及，社会化思维也逐渐被运用于商业竞争中，那么，在传统行业向互联网转换的过程中，社会化思维也必然不断向外发展和扩散，今天，我们还能想到哪些社会化思维的实际应用？

5.6　课后思考

1．如何让马云和王健林共赢，打造互联网电商+万达地产？

2．互联网社会化思维对教学的影响和实际意义？

第六章

智能化思维

2017年7月初，阿里巴巴集团的无人超市正式亮相，引起了业内外一片哗然，人们还在回味马云所说"纯电商将死，新零售已来"的意思，新的变革就已经来到人们的面前。有人惊呼："马云的无人超市正式开张营业，'无人时代'离我们还有多远？"也有人调侃记者就事件进行的街头采访：

记者：马云推出无人超市了，您怎么看？

大妈：超市都没人啦，那还不关门干吗？

记者：大妈，无人超市不是没有人这个意思，而是说，超市里没有售货员、收银员等员工了。

大妈：那应该叫无员工超市啊！哎，就你们这语文水平，还当记者呢？

记者：您不觉得无人超市的推出将会改变我们传统的购物方式吗？

大妈：……马云改变了我们的生活，但我们要的不仅仅是改变，而是带来幸福的改变。现在很多改变不仅没有增添我们的幸福，还增添了许多烦恼！这才是你们记者应该关注的问题。

图6.1 阿里巴巴无人超市（图片来自网络）

根据报道，整个超市没有一个售货员，但玩具、公仔、日用品、饮料等各种商品应有尽有！进入超市，顾客看中商品可以直接拿起，一切同传统超市没什么区别！如果有人想浑水摸鱼夹带商品出门，回答是：不可能！"系统全部都能识别，在科技面前，你只是一个渺小的人类……"选择好了你要的商品，直接出门就行，根本不需要收银员查验、扫码、支付，系统自动在大门处识别你选购的所有商品，自动从你的支付宝账号扣款！当然，前提是，你必须是支付宝用户！即便如此，也已经足够颠覆人们对智能的认知了！

图6.2　美国西雅图Amazon Go店铺（图片来自网络）

其实这并不算什么，2016年12月5日，亚马逊就宣布推出革命性线下实体商店Amazon Go，颠覆传统店铺和超市的运营模式，使用智能科技，变革传统收银过程。而当Amazon Go还在西雅图试营业的时候，2017年6月初，"缤果盒子"（BingoBox）无人收银便利店登陆了上海，成为全球第一款真正意义上的可规模化复制的24小时无人值守便利店，并已经开出了8家无人店。根据澎湃新闻的报道，截至2017年7月，"缤果盒子"无人值守便利店运营10个多月以来，已累计接待顾客数万人，未发生一起偷盗和破坏事件，用户复购率接近80%。

不仅如此，2017年7月13日，顺丰集团宣布在成都双流自贸试验区建立大型物流无人机总部基地；2017年7月5日，百度创始人李彦宏驾驶一辆基于Apollo技术的自动驾驶汽车前往百度AI开发者大会现场；亿万富翁、全球"技术领域"投资之王维诺德·科斯拉说IT部门80%的工作可以由AI系统代替；IBM的沃森肿瘤机器人提出的治疗方案和90%的肿瘤学家提出的建议吻合。

有人说，未来已来，人工智能才是主菜。马云出版了新作《马云：未来已来》，马云说道："十年后需要什么，我们今天就开始做！"

图6.3　顺丰无人机送货（图片来自网络）

6.1　未来是什么

微软联合创始人比尔·盖茨在其推荐的2017夏季读书清单中赫然列入了国际畅销书《人类简史》作者、全球瞩目的新锐历史学家尤瓦尔·赫拉利的新作《未来简史》。一切看起来都那么让人匪夷所思——历史从来都是过去时，"简史"都是简要记述过去发生的点点滴滴，怎么连未来这么没有影儿的事情，都有人为它树碑立传了呢？

据介绍，《未来简史》主要讲述了进入21世纪后，曾经长期威胁人类生存、发展的瘟疫、饥荒和战争已经被攻克，智人面临着新的待办议题：永生不老、幸福快乐和成为具有"神性"的人类。智人，是指生物学分类中的地球上现今全体人类的共有名称，当以大数据、人工智能为代表的科学技术发展日益成熟后，人类将面临着自从进化到智人以来最大的一次挑战，绝大部分人将沦为"无价值的群体"，只有少部分人能进化成特质发生改变的"神人"。

未来，人类将面临着三大问题：生物本身就是算法，生命是不断处理数据的过程；意识与智能的分离；拥有大数据积累的外部环境将比我们自己更了解自己。

看起来很令人费解，对于没有深厚的自然科学和社会科学底蕴的大学生们来说，担心这三大问题几乎就形同杞人忧天，这就是未来吗？我们遥远的未来？管它呢！

6.1.1　基因技术

2014年，华为发布了《共建全联接世界白皮书》，"全联接"的概念来自华为轮值CEO徐直军一篇文章提及全球"仍然有44亿人（超过全球人口总数的60%）还没有接入互联网"，"对于尚未联网的很多人而言，接入互联网将是他们改变生活的起点。通过与全世界的连接，他们能够获得更多的知识、更好的教育、更广阔的发展机遇"。

有人问华为创始人任正非："共建全联接的世界最大的难题在哪里？"任正非脱口而出："最大的难题在算法！"

所谓算法，就是解题思路，解决问题的方案，是给执行者的一系列明确的指令。《未来简史》告诉我们说，生物本身就是算法，感觉、情感、欲望也是算法，人类有99%的决定，包括关于配偶、事业和住处的重要抉择，都是由各种进化而成的算法来处理，我们把这些算法称为感觉、情感和欲望。我的天哪！

比如，公司里有一台自助饮料机，它的算法很简单，通过最基本的机械齿轮和逻辑电路来运作。比如，一只狒狒看到树上挂着一串香蕉，但也注意到旁边埋伏着一只狮子，狒狒需要有自己的算法：香蕉与狮子同自身的距离多远？狒狒与狮子谁跑得更快？狮子是醒着还是睡着？狮子看起来饥肠辘辘还是酒足饭饱？香蕉有几只？是大是小是青是熟？也许还要计算：自己快饿死了拼命也得去抢香蕉，或者刚刚吃饱，何必拿生命冒险！

然而，对于生物来说，这些与生俱来的算法也许都是来源于一个东西，那就是基因！

19世纪五六十年代，奥地利牧师、业余科学家孟德尔通过对豌豆长达八年的观察研究发现了生物遗传的规律，人们尊称他为"遗传学之父"。

20世纪初，丹麦遗传学家约翰逊（W.Johansen）在《精密遗传学原理》一书中正式提出了"基因（gene）"的概念。1933年，美国进化生物学家、遗传学家和胚胎学家托马斯·亨特·摩尔根（Thomas Hunt Morgan）发现了染色体的遗传机制，创立染色体遗传理论，赢得了诺贝尔生理学或医学奖。1944年，三位美国科学家分离出细菌的DNA（脱氧核糖核酸，英语：Deoxyribonucleic acid，缩写为DNA），并发现DNA正是携带生命遗传物质的分子。

1953年，英国科学家沃森和克里克发现了DNA分子的双螺旋结构，开启了分子生物学的大门，奠定了基因技术的基础。1985年，美国科学家提出人类基因组计划（human genome project，HGP）并于1990年正式启动，英国、法国、德国、日本和中国科学家共同参与了这一计划。这一计划将揭开组成人体2.5万个基因的30亿个碱基对的秘密，同时绘制出人类基因的图谱。人类基因组计划被誉为生命科学的"登月计划"，与曼哈顿原子弹计划和阿波罗计划并称为三大科学计划。

2001年2月12日，人类基因组测序工作基本完成，美国Celera公司与HGP分别在《科学》和《自然》杂志上公布了人类基因组精细图谱及其初步分析结果，为人类生命科学开辟了一个新纪元，标志着人类生命科学的一个新时代的来临。

这个交待实在有点儿啰唆，但已经是最省略模式了，不然，鬼才明白基因技术跟未来有什么关系呢！我们回忆一下，人类与疾病的斗争经历了多么漫长的岁月，在没有青霉素的时代，一个小小的炎症就能要了人的老命，肺结核竟然就是不治之症；我们再想象一下，癌症是当代世界的头号顽疾，人们几乎是"谈癌色变"，可你知道吗，现代医学已经可以通过基因检测提早确定人类身体里的致癌基因并通过早期介入治疗，把患癌的比率降到很低的水准。好莱坞鼎鼎有名的大明星安吉丽娜·朱莉切除了自己的乳腺，把患乳腺癌的风险从87%降到5%。有了基因测序，人类就可以实施精准医疗概念下的精准预防、精准诊断以及真正的个体化治疗，降低人类患上绝症的概率。

英国伦敦大学帝国理工学院研究人员与美国、意大利同行合作进行了一项转基因技术研究，让疟疾的主要传播者冈比亚按蚊只能繁衍出雄性后代，从而断子绝孙。初期实验结果显示，用这种基因技术改造过的蚊子所产后代中，约95%是雄性，等到其繁殖到第6代时，这些蚊子会因为缺少雌性而无法继续繁衍，从而种群灭绝，大幅减少疟疾等传染病的发生。是不是听起来有点儿恐怖的样子，多么"可怕"的人类？

2015年4月18日，中山大学黄军就副教授在生物学杂志《蛋白质与细胞》（Protein & Cell）在线发表了自己团队的研究成果：他们利用一种叫做CRISPR/Cas9的工具成功修改了多个人类三原核受精卵中编码血红蛋白beta亚基的基因HBB。这是基因编辑技术领域在国际上第一次发表研究成果，揭示了基因组编辑技术走向临床前必须攻克的若干技术问题，同时又引发了生命科学界的重大争论——人类是否应该修改自身的基因。但不可否认的是，这种基因技术能够帮助遗传病患者及其后代免除家族性疾病的困扰难题。

杂交水稻之父、中国工程院院士袁隆平解决了世界五分之一人口的吃饭问题，可也无法消除稻瘟病的困扰，这种水稻重要病害之一，最严重的时候能让水稻减产40%到50%，甚至颗粒无收。基因技术无疑能提供最好的解决办法——2017年2月，国际知名期刊《科学》在线发表了中国科学院上海植物生理生态研究所何祖华团队的研究成果：通过发掘新基因位点并解析其功能机制，有效选育广谱抗病新品种，为控制稻瘟病提供了经济有效的方法。

基因技术已经成为人类攻克各种疑难杂症、迈向永生之年的万能钥匙，这是一个可以期待的未来。

6.1.2　纳米技术

小时候读李白的诗句"飞流直下三千尺"觉得真是高啊，虽然后来老师解释说只是诗人的一种夸张表述，并不一定指有千米那么高（这是按现代人的概念一米等于三尺换算）。后来读《三国演义》，赵云"生得身长八尺，浓眉大眼，阔面重颐，威风凛凛。"一直是我心目中大帅哥的标准，不过八尺也太夸张了吧？

后来才明白，中国古代最开始都是用人体的某一部分或其他的物件作为计量标准，比如"布手知尺""掬手为升""取权为重""过步定亩""滴水计时"，直到秦始皇统一中国后才有了一致的标准，那时候的一尺也就相当于现在的23.1厘米（不错，赵云一米八几的个头还是很有范儿）。

长度的国际标准单位是"米"（符号"m"），可以分为千米（km）、米（m）、分米（dm）、厘米（cm）、毫米（mm）、微米（μm）、纳米（nm）等等。从千米到毫米，我们都不陌生，因为我们用过的普通卷尺或者直尺上的最小刻度就是到毫米，可是微米和纳米是个什么概念呢？

我们看换算公式：

$1μm=1×10^{-6}m$，这是指微米的长度，换个明白点的说法，1微米（μm）=0.001毫米（mm）；

$1nm=1×10^{-9}m$，这是指纳米的长度，同样换个明白点的说法，1纳米（nm）=0.000001毫米（mm），更通俗的说法就是相当于一根头发丝的十万分之一。

还是举个例子吧。1946年，世界上第一台电子计算机ENIAC（中文名：埃尼阿克）研制成功，这台计算器使用了17840支电子管，占地1500平方英尺（约等于139.5平方米，一套豪宅），重达28吨。可是到了1982年个人电脑出现的时候，一个火柴盒大小的CPU上竟然集成了大约13万个晶体管，这是靠什么技术实现的呢？

通常我们所说的CPU的"制作工艺"是指在生产CPU过程中加工各种电路和电子元件集成度的高低，精度越高，生产工艺越先进。制作工艺关键取决于芯片内电路与电路之间的距离，这个距离随着科技的发展越来越短。286时代就已经达到了3-1微米的水准，从1995年以后，更是发展到从0.5微米、0.35微米、0.25微米、0.18微米、0.15微米、0.13微米、90纳米、65纳米一直发展到目前最新的45纳米，而32纳米制造工艺将是下一代CPU的发展目标。是不是有种匪夷所思的感觉？

单纯说"纳米"，只是一个长度单位，是英文nan ometer的译音，没有任何技术属性。百度百科上说，单纯的某一纳米材料若没有特殊的结构和性能表现，还不能称为纳米技术。纳米技术，是指通过特定的技术设计，在纳米粒子的表面实现原子/分子的排列组成，使其产生某种特殊结构，并表现特异的技术性能或功能，这样的纳米材料才能称为纳米技术。终于回到正题上来了，不过还是有些不好明白，应该这样表述：这样的纳米材料可以称之为应用了纳米技术的材料。所谓纳米技术，是指在纳米精度附近的物质表现出来的特殊性能被应用于不同领域的技术。

比如，纺织和化纤制品总是有些味道，添加纳米微粒能除味杀菌；冬天里如果穿化纤布类的衣服常常产生静电火花四溅，同样加入少量金属纳米微粒就可消除。纳米材料可以做无菌餐具、无菌食品包装；纳米粉末能净化废水达到饮用标准；玻璃和瓷砖表面涂上纳米薄层，能够自我清洁，省去打扫卫生的烦恼；含有纳米微粒的建筑材料，更加可以吸收对人体有害的紫外线，改变家装一次等于放毒的尴尬局面。

不仅如此，利用纳米技术制成的微型药物输送器，可携带一定剂量的药物，在体外电磁信号的引导下准确到达病灶部位，有效地起到治疗作用，并减轻药物的不良反应；纳米机器人，体积比红细胞还小，可以注射进血管变成清道夫，疏通血栓、清除脂肪和沉淀物，砸碎结石等等，人类的未来将变得无比美好。

总而言之，纳米技术是一门交叉性很强的综合学科，涉及现代科技的广阔领域，包括纳米生物学、纳米电子学、纳米材料学、纳米机械学、纳米化学等学科，帮助人类越来越深入认识、改造微观世界，带来21世纪新的产业革命。

6.1.3　万物互联

华为的《共建全联接世界白皮书》已经明确提出了"全联接"的概念，中国信息通信研究院2017年1月发布的《互联网发展趋势报告（2017）》中说："据Gartner预测，2016年全球联网设备数量突破63.9亿，2020年将达到208亿。而BI Intelligence的预测更为大胆——2020年全球联网设备数量将达到340亿，其中物联网设备数量达到240亿，智能手机、平板电脑、智能手表等传统移动互联网设备数量仅为100亿。"终端数量未来将大大超过全球人口的数量，全球互联网正从"人人相连"向"万物互联"迈进。

"人人相连"很好理解，这是互联网的一般形态，世界各地的人们通过电脑和互联网已经紧密地联系在一起。什么是"万物互联"呢？

我们先来了解，什么叫物联网？

1980年代，据说是卡内基梅隆大学的一群程序设计师希望每次下楼去自动售卖机买可乐时都不扑空，促成了施乐公司发明网络可乐贩卖机，利用传感技术通过网络操控设备，拉开了人类追梦物联网的序幕。1999年，麻省理工学院Auto-ID中心的Ashton教授在研究RFID技术时，提出了在计算机互联网上，利用射频识别技术、无线数据通信技术等，构造一个实现全球物品信息实时共享的实物互联网"Internet of things"（简称IoT，物联网）的设想，物联网的概念由此诞生。

顾名思义，物联网就是物物相连的互联网。其中包含两层意思：一是物联网建立在互联网的基础上；二是物联网的主体不再局限于人与人，而是延展到了物与物之间进行信息交换和通信。换言之，物联网是互联网的扩展应用，与其说物联网是网络，不如说物联网是业务和应用。

要实现物与物之间的沟通，必须要有以下技术手段：

1. 传感器技术：一是物体需要通过传感器来感知世界和传递自身的信息，二是需要RFID标签进行自动识别、参与交互管理。

2. 数字转换技术：计算机处理的都是数字信号，传感器采集的模拟信号需要转换成数字信号，计算机才能处理。

3. 嵌入式系统技术：传感器相当于人的眼睛、鼻子、皮肤等感官，网络就是神经系统，用来传递信息，嵌入式系统则是人的大脑，在接收到信息后要进行分类处理。

4. 通信技术：物与物相连需要纽带，这就是通信，无论红外、蓝牙、WIFI，还是4G、5G等，都为连接打下了坚实的基础。

国际电信联盟在2005年的报告中曾描绘"物联网"时代的图景：当司机出现操作失误时汽车会自动报警；公文包会提醒主人忘带什么东西；衣服会"告诉"洗衣机对颜色和水温的要求等等。

在智能家居的物联网体系的产品研发方面，TOMTOP公司已经走在世界前列，作为苹果公司智能家居平台HomeKit的全球第十八家供应商（中国第二家），已经研发出超过14个类目一百多款产品。只要在iPhone手机端的Home App（家庭）里添加灯、门锁、恒温器等支持HomeKit的配件，就能够一键控制家里所有的带电设备，只要在连接互联网的情况下。设想一下，你可以自动设置回家前半小时打开空调，开启门锁时打开家里的照明灯，启动电饭煲做饭；早上定时让窗帘打开，明媚的阳光把自己叫醒。有一天妈妈来看你，碰巧你出门在外，你可以远程打开门锁，启动电视让妈妈在沙发上先歇息。而这些也只是物联网场景中的小小应用而已。

《第三次工业革命》作者杰里米·里夫金认为，通讯技术是人类社会进步的三大支柱之一，升级后的通信互联网与能源互联网和物流互联网的融合，将形成超级物联网，伴随数万亿的传感器安装在自然资源、道路系统、仓库、车辆、工厂生产线、办公室和家庭中，组成智能化和数字化社会，使社会生产、时间和环境成本大大下降。

6.2　人工智能ABC

美国有线电视网络媒体公司HBO（Home Box Office）2016年发行了科幻类连续剧《西部世界》，故事设定在未来世界，有着全仿真的机器"接待员"在被称为"西部世界"的未来主题公园中提供给游客某种特定场景下的角色满足。在那样一个虚拟现实世界中，你分辨不出谁是人类谁是机器，即便是机器，也会出现自我觉醒，发现了自己只是作为故事角色的存在，而试图摆脱真实人类对他们的控制。人类有一天真能到达这种境界，制作出以假乱真的机器人吗？

6.2.1　AI到底是什么

经常看到媒体报道AI什么的，总觉得神秘莫测的样子。然而翻一翻资料，真是失望透顶，AI就是Artificial Intelligence的英文缩写，"人工智能"的意思，这有什么嘛！两个单词，Artificial指人工，这个单词的意思其实不够好，牛津词典的解释：made or produced to copy sth. natural；not real；created by people；

图6.4　《西部世界》剧照
（图片来自网络）

105

not hAppening naturally；一句话，人造的假东西。看来，老外还是蛮崇尚自然呢，即便是created by people（人造的），也不忘跟上一句not hAppening naturally（非自然）。Intelligence就是智能的意思，看起来有点儿复杂，有资料认为它涉及其他诸如意识（Consciousness）、自我（Self）、思维（Mind，包括无意识的思维Unconscious_mind）等等问题。话说回来，人类唯一了解的智能是人类本身的智能，这似乎没有什么争议，但是我们对我们自身智能的理解好像都只是很浅显的程度，揭示大脑的奥秘还是21世纪人类面临的最大挑战，因而很难定义什么是"人工"制造的"智能"了。

1950年，被誉为计算机与人工智能之父的阿兰·图灵发表了里程碑式的论文《机器能思考吗？》，为人类带来了一个新学科——人工智能。为了证明机器是否能够思考，图灵发明了"图灵测试"（Turing Test），到今天仍被沿用。图灵指出，最好的人工智能研究应该着眼于为机器编制程序，而不是制造机器。

不管你信不信，AI已经离我们越来越近。IBM的智能计算机沃森（Watson）在CBS一档著名的智力问答节目《危险边缘》（Jeopardy）上，把另外两名有"电脑"之称的人类竞争对手远远甩在了后面，轻松赢走了丰厚的奖金。谷歌利用自有的地图和计算系统研制出的新型无人驾驶汽车已经飞奔在加利福尼亚的公路上。韩国的部分学校竟然引进机器人英语教师，专家认为未来人类教师的角色将完全可以被取代。2016年，AlphaGo出人意料地以4比1战胜了韩国著名棋手李世石，有人惊呼：人类智力最后的高地被AI攻陷了。

6.2.2　AlphaGo的前世今生

1997年，除了香港回归让世界印象深刻外，还有一件事情震惊了世界，那就是IBM研制的超级计算机"深蓝（Deep Blue）"在标准比赛时限内以3.5比2.5的累计积分击败了国际象棋世界冠军卡斯帕罗夫（Garry Kasparov）。深蓝是美国IBM公司生产的一台超级国际象棋电脑，重1270公斤，有32个大脑（微处理器），每秒钟可以计算2亿步，"深蓝"输入了一百多年来优秀棋手的对局两百多万局，可真称得上是步步为营啊，人类即便能全部背下这些棋谱，也难保不会因为外部环境、自我情绪等情况稍出差池，但电脑绝对不会。据说，当时深蓝可搜寻及预估随后的12步棋，而人类最好棋手顶多10步棋。

　　"深蓝"算是让人类震动了一下，而AlphaGo，翻译过来叫"阿尔法狗"，这只"狗"确实让人类有些发抖的感觉，有人说，"AlphaGo对李世石的挑战，不是一次单一的挑战，而是开启了人工智能在围棋盘上不断挑战人类的过渡期，直到人工智能彻底超过人类为止"。

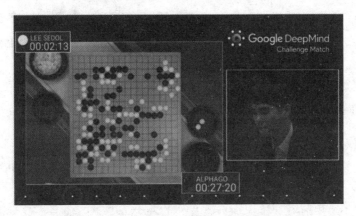

图6.5　阿尔法狗大战李世石（图片来自网络）

　　2016年3月阿尔法狗大战世界围棋冠军李世石，以4：1的总分战胜了人类。

　　戴密斯·哈萨比斯（Demis Hassabis）是AlphaGo的创造者，据相关报道，他4岁开始下象棋，8岁时在棋盘上的成功促使他开始思考两个至今令他困扰的问题：第一，人脑是如何学会完成复杂任务的？第二，电脑能否做到这一点？17岁时，哈萨比斯就负责了经典模拟游戏《主题公园》的开发，并在1994年发布，随后读完了剑桥大学计算机科学学位。2005年哈萨比斯进入伦敦大学学院，攻读神经科学博士学位，希望了解真正的大脑究竟是如何工作的，以此促进人工智能的发展。2010年他在英国伦敦创办了DeepMind公司，2014年公司被谷歌收购，AlphaGo是公司的产品，因为2016年大战围棋冠军李世石一举成名。

　　哈萨比斯在回到母校剑桥大学的演讲中说："大家可能想问机器是如何听从人类的命令的，其实并不是机器或者算法本身，而是一群聪明的编程者智慧的结晶。""我们发明阿尔法狗，并不是为了赢取围棋比赛，我们是想为测试我们自己的人工智能算法搭建一个有效的平台，我们的最终目的是把这些算法应用到真实的世界中，为社会服务。"

SpinPunch CTO 在解释AlphaGo的工作原理时说到，"深度学习"是指多层的人工神经网络和训练它的方法，这是AlphaGo的强项；另外，AlphaGo通过两个不同神经网络"大脑"合作来改进下棋，第一个神经网络大脑是"监督学习的策略网络（Policy Network）"，观察棋盘布局企图找到最佳的下一步；第二个大脑相对于落子选择器是预测每一个棋手在给定棋子位置情况下赢棋的可能。

6.2.3 平等的新"物种"

美国发明家、预言家、谷歌技术总监Ray Kurzweil预言，到2029年，计算机将具有人类水平的智能；2030年，人脑将能与"云"直接联通。我们的思维将是一种生物与非生物思维的结合物。人类自身就将成为一种新物种——人工智能生物。

人类在N年前就开始识别自己看到的物类，并进行命名，被誉为辞书之祖的《尔雅》大概成书于汉代初年，就把动物分作了虫、鱼、鸟、兽4类。而到目前为止，地球上的科学家们大概已经命名且分类了130万个物种，这其中当然包括人类。达尔文通过《物种起源》论证了两个问题：第一，物种是可变的，生物是进化的；第二，自然选择是生物进化的动力。说白了就是物竞天择，适者生存，这样的逻辑也适应于人工智能生物吗？或者说，人工智能下的产物——AI机器人也算是一个新兴的"物种"吗？

2016年8月19日，"生而为·新物种"2016互联网新物种大会在北京举行，人们看到了诸如虚拟现实、消费升级、超级IP、黑科技、移动直播等领域的大咖们齐聚论剑，媒体纷纷认为互联网新物种历史上揭开了崭新一页。地平线机器人技术创始人、CEO余凯说，人工智能的革命是一个时代的趋势，人类历史现在进入到了第四次产业革命当中，在这次产业革命中出现的新物种与历次不同；过去实际上都是以人为中心，去延展自我的体力和脑力，而这次产业革命，它以自主决策行为为主要特征；这些都是人工智能所带来的改变。未来，新物种会在生活里无处不在。

也许只有余凯提到的新物种与地球生物学意义上的种类有些沾边，如果这个猜测是对的，那么，这些新物种真的能够与人类"平起平坐"了吗？

好莱坞电影《黑客帝国》对AI持批判态度，也许高级AI是不可控制的，一旦放任自流，人类世界的下场或许就会像电影里的末日一样。另一部好莱坞电影《机械公敌》，更是把自认为聪明的人类嘲笑了一番，电影开头便呈现AI的核心三定律——机器人定律。其一：机器人不能伤害人类或使人类间接受到伤害；其二，机器人必须服从人类的命令，除非该命令与定律一冲突；其三，机器人必须保护自己的存在，除非与定律一或定律二冲突。结果是，AI拥有了自己的主体意识，不断自我进化，为了更好地保护人类，让人类变成了机器人的阶下囚。

人工智能如果真达到了机器可以自我复制、自我进化的程度，也许"真理只在大炮的射程之内"，就像《三体》里的黑暗森林法则，宇宙就是一座黑暗森林，每个文明都是带枪的猎人。谁跟谁平起平坐呢？

6.3　2%与98%

中国互联网络信息中心（CNNIC）2017年8月4日发布的第40次《中国互联网络发展状况统计报告》显示，截至2017年6月，中国网民规模达7.51亿，互联网普及率达到了54.3%，手机网民规模达7.24亿，网民中使用手机上网人群占到了96.3%。我们正处在移动互联网高速发展的大时代，多年前，麻省理工学院教授及媒体实验室创办人尼葛洛庞帝在《数字化生存》一书中所指出的"计算不再只和计算机有关，它将决定我们的生存"这句话已经变为现实。

决定我们生存的还有人工智能。著名自然语言处理和搜索专家吴军博士在《智能时代：大数据与智能革命重新定义未来》一书中说，智能时代的到来终将对社会进行技术革命，大多数人在未来将不再被社会需要，他们的工作会被机器所取代，只有2%的人有工作的机会。

6.3.1　机器改变人类？

纵观人类历史的发展，自第一次工业革命以来，"机器替代人"的困扰就始终伴随技术的进步和生产率的提高。一百多年前，英国曾经出现过手工纺纱工人担心被纺纱机抢走工作机会，而打砸纺纱机的事件。世界经济论坛2016年发布的一份报告预测称，第四次工业革命将在今后5年改变商业模式和劳动力市场，导致"15个主要发达和新兴经济体净损失超过500万个就业岗位"。而美国花旗银行和英国牛津大学马丁学院的一项名为《工作2.0时代的技术》的研究报告则暗示问题更加严峻：未来10年或者20年，全球有1.4亿知识工人将会因为人工智能技术的发展失去原来的工作。

比起2%来，这应该算非常温和了。

随着自然科学的发展，人们发现和确定了自然变化的基本规律，比如牛顿三大定律揭示了力与运动的关系，人类通过精确掌握力及其作用实现了机械制造，推动了工业革命，促进了现代化进程的发展。但这个世界其实充满了不确定性，专家们对未来的预测总是错的，英国怎么会脱欧呢？特朗普怎么能当选美国总统呢？

美国数学家、信息论创始人克劳德·艾尔伍德·香农（Claude Elwood Shannon）通过信息论给人们提供了一种看待世界和处理问题的新思路。他指出，信息量与不确定性有关，假如要搞清楚一件非常不确定的事，就要了解大量的信息。相反，如果对某件事已有较多的了解，则不需要太多的信息就能把它搞清楚。人类在人工智能领域的成就，其实就是不断把各种智能问题转化成消除不确定性的问题，然后再找到能够消除相应不确定性的信息，仅此而已。这也是吴军博士在《智能时代：大数据与智能革命重新定义未来》一书中介绍到的，信息论代表了人类目前对世界认知度的最高境界，从强调因果关系演变为强调相关关系。

新技术的变革通常就是在原有产业的基础上创新，从而带动整个社会产生变革。工业革命后，英国的纺织品行销全球，就是因为传统纺织业与蒸汽机的完美结合；娱乐业有了电子技术的支撑，使广播电影电视风靡全球；互联网时代，外贸结合电子商务使跨境电商成为新经济的增长点。

有起就有落，曾经的录音机和唱片甚至CD都已经被数字和网络技术所取代；柯达发明了数码相机却敲响了自己胶片业务的丧钟；滴滴打车、共享汽车让出租车司机感到了前所未有的恐惧……

2015年，马云在一次证监会内部演讲中提到：10年以后这个世界上最大的资源不是石油，而是数据。同时指出，阿里巴巴本身是一家数据公司，做电商的目的不是为了做买卖。我们已经看到了阿里帝国构建的客户画像系统：性别、年龄、个人爱好、消费习惯、信用等级等等，比如，你的芝麻信用超过600分就可以享有"花呗"的一定授信额度，650分以上去神州租车和一嗨租车可以得到租金优惠或者免预授权押金（好几千呢）；700分以上可以通过阿里旅行申请新加坡信用签证。

6.3.2 三百六十行还剩多少行

可以设想一下未来世界你的一天生活。

早晨一睁眼，家里的窗帘自动打开，柔和的音乐响起，厨房电器自动开启，等你洗漱停当，早餐都送上餐桌了，而这些都不需要保姆或者阿姨来打理了。

出行是不需要司机的，你自己也无需代劳，自动驾驶汽车安全送你到要去的地方。

给你配一个智能助理，可以挑你最看得顺眼的俊男靓女，为你料理生活和工作行程。同时来几个国家的老外都没问题啊，翻译都是智能的，爱听哪个国家的语言都可以。

身体穿的衣服能够配上各种传感器，实时采集你的各项生理数据发送到你的医疗数据库，智能医生随时掌握你的健康状况，提醒一切可能发生的重大突发疾病。

同样，第40次《中国互联网络发展状况统计报告》显示，截至2017年6月，我国网约出租车用户规模达到2.78亿，较2016年底增加5329万，增长率为23.7%。网约专车或快车用户规模达到2.17亿，增长率为29.4%，用户使用比例由23.0%提升至28.9%。

想想也会觉得无聊起来，原本身边经常出现的比如服务员、店员、收银、快递小哥、保安、漂亮的咨客统统消失不见了，生活中是不是少了许多乐趣？还有客服、翻译、建筑工人、行政、律师、司机、技工、会计等等各行各业的从业人数都因为人工智能的兴盛而减少时，全世界80%的劳动力失去工作怎么办？

也许是杞人忧天，从历史发展的进程看，每一次技术革命，带给人类的虽然都有阵痛，但最终受益的还是促成社会发展的人类，不是吗？

6.3.3　你属于哪个百分比

有一句经典的话：世界潮流浩浩荡荡，顺之者昌，逆之者亡。在智能革命到来的时候，我们也要做出选择，要么加入到滚滚潮流中，要么远离它、拒绝它，而这样的人，在历史长河里都将成为迷茫的一代，最终观望徘徊甚至逆流而动被无情地淘汰。

年轻人应该让自己成为那2%参与到人工智能新行业新领域来的人，而不是被社会进步所抛弃，成为可能会失去工作的那98%中间的一员。

6.4　智能化思维训练

从新东方出来的新精英生涯总裁古典老师写过一本书《拆掉思维里的墙》，虽然也是一本类成功学鸡汤，但书名取得极好。人们在认知世界的过程中，很容易形成固化的思维方式，这些思维方式无形中就成了突破自身能力的瓶颈，也就是思维里的"墙"，只有拆掉这样的"墙"，人们才能通过否定之否定，得到凤凰涅槃式的提高升华。

6.4.1　学会提出问题

在信息爆炸的时代，我们每天要遇到数不清的问题，大到"一带一路"、印中边界冲突，小到父母生病、朋友吵架、个人决策。学校出于安保工作考虑，开始对每一个学生实施安检，你有什么样的情绪反应？你的同学好朋友做了违反校规校纪的事情，你会检举揭发还是装聋作哑？微信朋友圈充斥着各种心灵鸡汤、生活指南、科普教育，是相信还是质疑？你有自己的判断吗？你持什么观点？你的理由呢？有证据支撑吗？

《21世纪商业评论》执行主编吴伯凡在"得到"App"伯凡日知录"里讲到过一个例子，他去外地讲课，人虽不多，大致分为创业家和创业者两类。互动的时候，他发现了一个现象：从提问的方式里，基本能判定提问者的企业做到什么样的成色，即问题的品质跟企业的品质非常对应。

　　问题的品质揭示了一个人思考的方式、思维的深度以及个性修养，这是需要长时间的磨砺和积累才能养成的。

6.4.2　思维的路径

　　思维的不同首先会体现在产品的设计思路上。举个例子，许多人把Drone译为"无人机"，即将其视为无人驾驶的飞机，用手机App或遥控器操控它，这是典型的互联网思维。有"智能思维"的人会怎么看？空中机器人，或者叫会飞的机器人。

　　让我们来一起想象，进入以下场景，感受一下我们的生活是如何被智能化思维影响并且发生改变的。

　　场景一：

　　1960年夏，你的爷爷早上5点被蚊子咬醒，他扯了一下灯绳，叫醒奶奶，穿上衣服来到厨房，用火柴点燃了针叶草，生火做饭，又走进孩子们的床前，大吼他们起床，孩子们迷迷瞪瞪去水井打水洗漱，排队吃饭；奶奶洗完碗后走到河边洗衣服，跟邻里们唠唠家常欢声笑语，而爷爷不等饭做好就扛起锄头下地干活去了，太阳慢慢升起来，爷爷拿起挂在脖子上的汗巾擦了擦汗，用蒲扇扇了几下后，继续耕作。

　　场景二：

　　1980年夏，爸爸中午骑自行车下班回家，汗流浃背急忙打开了电风扇，铁制的叶片嘎吱嘎吱地响但又带来很多清凉，妈妈到家就钻进厨房打开液化气灶，边炒菜嘴里边念叨爸爸："叫你抽时间修一下换气扇，你不修！炒个菜把我呛成什么样了！"爸爸嘴上应着好好好，眼睛却一直盯着那台黑白电视机播放的节目，看得津津有味；午饭后，妈妈守在洗衣机旁，等着衣服洗好；两点了，他们被小区的广播叫醒……

　　场景三：

　　2017年夏，很久没回家的你一回家就看到爸爸拿着iPad在玩游戏，妈妈边看电视剧边嗑瓜子，洗衣机咕噜咕噜的声音掺杂着妈妈的笑声还挺有意思的，你走进自己的房间遥控窗帘拉开，却找不到空调遥控器，于是你拿出手机利用App打开了空调，美美地睡了一觉……

场景四：

2037年夏，你的儿子下班坐电梯回家，一出电梯门，家门自动打开，空调滴的一声，窗帘缓缓拉开，所到达的房间灯都自动打开，厨房井井有条地做着饭，吸尘器开始了新一轮的打扫，洗手间浴缸的水也开始调温了……他吃完饭把碗放进水池就去泡澡，一进洗手间的门，音乐随即而来，享受过后，躺在床上灯缓缓暗下，在舒缓的音乐中进入梦乡……

6.4.3 产品是思维的延伸

家居产品从手动控制，到遥控，再到手机控制，最后到不用控制，未来我们的智能家居产品带有地图栅栏，可以设定当用户到达家里的100米范围内就打开家里的门锁、空调等等电器，所有的逻辑可以由用户预先设定好，你只要给它下指令就可以了，其余的事情它会按照事先设计的规则自行完成，不需要时时操控。

有可能5年之后其他智能产品会遍布我们的身体，并将我们带入可穿戴社会。到那时，你的眼镜、你的投影仪等所有的一切都智能化的时候，你将会被智能彻底包围。智能时代发展到后期的时候，全面智能时代会把所有你可以想象到的地方全部做成智能，智能工具将全面爆发。

6.5 课后思考

1.经常使用电脑鼠标容易让手掌变形成为所谓的"鼠标手"，你有什么好的创意解决这个问题吗？

第七章

IP思维

7.1 全世界都在谈的IP到底是什么？

IP一词到底是什么？是知识产权，还是计算机网络协议地址？事实上，IP只是个借用词，O2O、互联网+、互联网思维、生态化营销、自媒体、社群电商、微商这些词之所以会流行，不是因为有人在玩概念，而是一个个的新世界在召唤我们。IP就是又一个新的概念，可以是一个火热的作品，可以是一个优质的内容，也可以是一个爆红的名人……在互联网的营销大局面下，"IP热"成为企业发展的另一个机遇，抓住这个机遇，努力攻城略地，才能在新的市场环境下获得成功。

从迪士尼、Airbnb、YouTube、Instagram到微信、papi酱、鹿晗，IP浪潮席卷全球，这不仅仅是互联网领域的革命，更是未来商业的游戏新规则。以IP为起点，产品、品牌、渠道、用户等商业元素与IP的连接形成场景化解决方案，赋能商业，同时IP价值得到不断沉淀，并形成新的商业反哺。在IP的连接作用下，流量、用户、产品天然整合成一体，并形成了极具吸引力的商业变现逻辑。

7.1.1 IP的原始定义

在了解IP营销之前，我们首先要了解一下IP最初的定义。在IP还没有演变为一种营销现象和概念之前，它只具有原始含义，下面我们来看一下IP最初的定义是什么。

7.1.1.1 计算机IP地址

在最原始的IP含义中，IP是网络之间互连的协议地址，是Internet Protocol的英文缩写，即"网络协议"。

我们先来了解一下什么是"网络协议"。网络之间互连的协议也就是为计算机网络相互连接进行通信而设计的协议。在互联网中，它能使连接到网上的所有计算机网络实现相互通信，并为此产生一套规则，规定计算机在互联网上进行通信时应当遵守的规则。

任何厂家生产的计算机系统，只要遵守IP网络协议就可以与互联网互连互通。IP地址是IP网络协议提供的一种统一的地址格式，它为互联网上的每一个网络和每一台主机分配一个逻辑地址，以此来屏蔽物理地址的差异。我们在平常看到的情况是每台联网的计算机上都需要有一个IP地址，才能正常通信。我们可以把"个人电脑"比作"一台电话"，那么IP地址就相当于电话号码，而在互联网中的路由器，就相当于电信局的"程控交换机"。

7.1.1.2　知识产权

IP还被普遍认为是知识产权（Intellectual Property）的意思。

知识产权，也称为"知识所属权"，是指权利人对其所创作的智力劳动成果所享有的财产权利。通常情况下，如发明、文学和艺术作品，以及在商业中使用的logo、名称、图像以及外观设计等，都可被认为是某一个人或团体所拥有的知识产权。在互联网发达的今天，人们也将知识产权称为IP。

知识产权分为几大类别：

第一，著作权与工业产权。

知识产权是智力劳动产生的成果所有权，它是依照各国法律赋予符合条件的著作者以及发明者或成果拥有者在一定期限内享有的独占权利。

在这个基础上，知识产权分为两类，一类是著作权，也称为版权、文学产权；另一类是工业产权，也称为产业产权。

著作权又称版权，是指自然人、法人或者其他组织对文学、艺术和科学作品依法享有的财产权利和精神权利的总称，主要包括著作权及与著作权有关的邻接权。

工业产权则是指工业、商业、农业、林业和其他产业中具有实用经济意义的一种无形财产权。由此可见，"产业产权"似乎更符合这个说法，主要包括专利权与商标权。

第二，人身权利与财产权利。

从内容组成部分来看，知识产权由人身权利和财产权利两部分构成，也称之为精神权利和经济权利。

人身权利，是指权利同取得智力成果的人的人身不可分离，是人身关系在法律上的反映。例如，作者在其作品上署名的权利，或对其作品的发表权、修改权等，即为精神权利。

7.1.2 IP营销

从2013年开始，移动互联网的发展渠道变得自由化，这也给企业带来更多的营销机遇。企业营销由原来的广告领域逐渐转向"内容广告"。2014年，"内容广告"进一步发展，晋升至"商业定制"阶段。

此时"内容为王"的天下开始形成。进入2015年，营销的内容化基本趋向于成熟，面对泛滥的渠道，一个好的内容想要获得人们的认可和关注，需要从更多环节来进行方案设计，才能实现内容传播的最大化价值。

2015年的内容领域，开始刮起了"IP"营销风潮，尤其在文化娱乐业更是席卷大半个市场，而IP作为天然的粉丝追逐对象，因为有良好的用户基础，所以会取得更大的成绩，尤其那些热点IP，几乎成为整个内容营销的争抢目标。

例如，热门电影《钢铁侠》《哆啦A梦》《疯狂动物城》等IP，获得用户关注的同时，也成为实现企业营销的前提。用IP元素来设计内容，借助粉丝的力量来扩散企业的品牌，实现强大的泛IP传播。

如今，IP已经成为企业营销的重要内容资源，很多公司甚至会大量购买热门IP，然后进行相关的花样营销。在这方面，以小说、网络热帖、动漫、歌曲、游戏为IP营销主力。比如，全民沉迷的游戏《王者荣耀》。

图7.1 王者荣耀游戏人物（图片来自网络）

7.1.3　IP即招牌

在IP的营销方式中，IP到底是什么呢？事实上，IP的价值、含义、现象在多个层面都有体现。从某种程度上来说，IP即招牌。

而IP的拥有者可以借助它的金字招牌获得更多的盈利渠道。

IP即招牌最典型的表现有明星的跨界经营。比如，周杰伦的Mr.J Dinner餐厅落户深圳，人气爆棚，一饭难求，想去吃饭必须提前预约。再比如，2015年人气最高的潮鞋，"侃爷"（Kanye Omari West，美国饶舌歌手、唱片制作人）与Adidas Originals联袂推出的 Yeezy Boost，也是一鞋难求。为了抢到一双Yeezy 750 Boost的鞋子，有的人提前一周多就开始在球鞋店Shoe Palace外面安营扎寨，甚至还动用旅行房车。明星的感召力运用到商业活动中，就转化成了金字招牌。

图7.2　位于深圳的周杰伦餐厅（图片来自网络）

图7.3　Yeezy 750 Boost（图片来自网络）

7.2 超级IP

移动互联构建了这个加速度时代，信息过剩而注意力必定稀缺，从而造就IP化表达，并使IP成为新的连接符号和语言体系。从影视、娱乐、动漫的泛娱乐表达，进而扩展为新商业模式的进阶和组成要素，IP以其独特的中国速度成长，甚至已经泛滥，这是一个充满暧昧的流行关键词。

本章节重点立意于超级IP，这又是指什么呢？是狭义的自媒体大号？还是略为广义的从美拍、秒拍、微博、微信崛起的各路网红？是变现能力强的淘宝达人张大奕？还是吸引打赏能力突出的电竞主播或游戏主播？IP连接已然成为今天势能运营的核心。

7.2.1 超级IP的定义

给超级IP下个定义，就是有内容力丰富和自带流量的魅力人格。IP唤醒对群体的尊重，超级内容共建人格也众筹态度。超级IP有如下关键词：内容、原创、人格、流量、商业化。具体表现为：内容能主动发酵，原创但可衍生和再创作，足够差异化的人格，可期待的订阅机制，离交易很近，有变现能力的流量，以信用值为代表的社交货币，崛起于特定平台而超越单一平台。

7.2.2 超级IP的重要特征

用一组例子可以通俗地说明超级IP的连接能力。恒大进入体育产业，它的多元化品牌形象，是体育新闻造就；王思聪成为中国第一网红，是跟帖、微博评论和朋友圈使然；罗辑思维成为垂直知识电商，是微信和优酷红利；李宇春2012年势能常新，靠的是自我迭代和粉丝追随；而迪士尼则源源不断地设定更新，年收入超过BAT三家收入总和。

由此，我们可以发现，超级IP具有独特的内容能力，自带话题的势能价值，持续的人格化演绎，新技术的整合善用和更有效率的流量变现能力等特征。

7.2.3　新物种

"新物种"，2016年最具启发性的商业名词，是一种新的商业模式。"新"，在于它不同于工业时代的商业造物逻辑；"物种"，在于它会以新的方式自我生长，在新的土壤苗壮成长。

"新物种"是互联网时代造就的新样式，可以说它的基因、材料、架构都根植于这个时代本身。淘宝推出Buy+（一种基于虚拟现实技术的购物新体验）的重要逻辑是，VR+购物是新的材料铸就的新体验。"Y星人社区"推出一系列包含虚拟现实在内的创新活动，是因为年轻的geek人群正不断商业化聚集。科技寺、无界空间为代表的众创空间是新的办公形态和生活方式，是一种自有连接，有着无限可能的创意和创业选择。

7.2.4　从"新物种"到"超级IP"

"新物种"代表无须高价购买导航网站流量、搜索关键词、展示广告位，因为它们自身主动裹挟的流量能保证这种转换和转化。互联网时代"新物种"的商业法则：引领，就是最好的时代；跟风，就是最坏的时代。未来10年，没有进化成新物种的企业，将在竞争中消失。新物种意味着新的商业模式，也意味着创造有巨大潜力的新品类和极致单品，有机会迅速成为细分领域中的领头羊。

特斯拉就是典型的"新物种"：电池组、触摸屏、操作系统、新材料、新物质、新话语体系。特斯拉看上去令人疯狂的产品线源于埃隆·马斯克的理念：人类必须成为多星球物种。所以他还有SpaceX（美国太空探索技术公司），还有太阳城，这些产品与特斯拉的品牌本身一样，饱受质疑，却激动人心。

超级IP新物种的诞生，源于新的造物逻辑，在这个逻辑里面，细分化的场景、个体化的表达、个性化的流量，尤其是以人为中心的这种渠道，正在成为新的流量引动。而"人"又是什么？口碑吗？口碑就是渠道，人就是渠道。

图7.4　TESLA MODEL S（图片来自网络）

所以什么是超级IP？它是万物互联时代个人化或个体化的"新物种"，是由系统方法论构建的有生命周期的内容符号，它可以是具体的人，可以是文学作品，可以是某一个具象的品牌，也可以是我们难以描绘的某一个差异化的、非物质遗产的继承人。它是故事体系和话语体系的稀缺价值，也代表了商业价值的稀缺性和可交换性。

7.2.5　新网红

7.2.5.1　作为新物种存在的网红定义

网红是颜值经济发展的必然，而互联网新应用形态的层出不穷，为网红崛起提供了天然的流量动能和养成土壤。以直播平台为例，斗鱼TV、战旗TV、花椒、映客都成了网红战场，为鱼翅、大宝剑、守护礼物斗得不可开交，但也催生了江山代有人才出。以淘宝店铺为例，张大奕、雪梨、赵大喜更是以样衣拍照、粉丝反馈、打版投产、上架淘宝的模式，颠覆了传统选款、上新、平销、流量购买、销售的传统电商流程。网红经济往往选择淘宝电商、微电商作为变现通道，但文怡和papi酱这样的新网红则提供了更多想象和内容，也是网红界的一股清流。

图7.5　张大奕、文怡、papi酱（图片来自网络）

新网红象征着个体化表达的转变：新的社交网络土壤，新的颜值美化工具，新的内容表达手法，新的流量变现手段。网红毫无疑问是全新的物种，也代表了超级IP最具流量能力的个体化状态。

7.2.5.2　网红发展经历的三个阶段

1.0时代：基于"用户猎奇"形成的红人效应；

2.0时代：基于"个体技能"形成的围观效应；

3.0时代：基于"价值观认同"形成的追随效应。

最近两年，网红俨然成为最风光的商业关键词。他们在各自从中崛起的社交平台上拥有大量粉丝，登录直播露个脸便能引来千百万点击，随手分享的生活照被成百上千地转发，穿的衣服被买爆，这些人的存在带动了一个完整的商业产业链条。

7.3　打造IP、玩转IP

7.3.1　打造IP的方法

全世界都在谈论IP营销，《花千骨》是IP，《琅琊榜》是IP，《盗墓笔记》是IP，《复仇者联盟》是IP……但是如果你没有IP怎么办？如何赶上IP的走势？事实上，在这种情况下解决办法只有一个：没有IP，就打造一个IP！

7.3.1.1　筛选+定位

欲打造一个IP，企业首先应该学会的是筛选。事实上，"筛选"这两个字等同于定位，但却要比定位更加具体。在IP的火热风潮中，确定你打造的一个IP是否具备潜力，并不是那么简单的事情。

一个常青的IP，需要具备的元素有很多，比如故事架构要引人入胜，还要具备极致的表现形式、创意的素材等。所有这些都是打造一个IP的基础，也是筛选的重要过程。下面我们来看一下，如何在打造IP前学会筛选IP。

而后，IP贸易定位也很重要。

IP的贸易定位，是针对作品对应的人群特征，开拓出相应的世界观、故事设计、艺术氛围和风行元素等，为IP营销做好筹备工作。在这个环节中，用户是焦点，通俗一点就是要对什么人说什么话。只有"对症下药"之后，IP才能在贸易上获得真正的成功。

7.3.1.2　基于新技术，创造新IP

Facebook斥资20亿美元并购的虚拟现实硬件公司Oculus进军电影业，创立Story Studio工作室和Story Studio大学以培养下一代具备拍摄VR电影能力的人才，这些都是基于新技术基础设施驱动内容面对未来的布局。技术本身，已然在改变连接，但基于新技术的内容，才是更有前瞻性和指数级的用户连接能力表达。这些内容本身会重新塑造社交，创造新IP和更加富有沉浸感的新体验。

图7.6 Oculus VR（图片来自网络）

7.3.1.3 持续地内容产品化

如果说Oculus是先硬件，后内容，那么互联网健身应用Keep，则选择内容产品化的方式切入，而优质内容的持续发酵也让Keep创造了仅289天用户就突破千万的奇迹。Keep初期组建微博和微信的专职原创内容团队，通过大气力的优质原创作品来发酵口碑和获取新用户。

为保持内容热度，Keep高频率横向整合优质内容IP，陈意涵凭《花儿与少年》再度走红时，Keep微信推送的陈意涵文案，阅读量高达150万；《我是证人》上映前，主演朱亚文在节目中推荐Keep，不到15秒的宣传为Keep带来了上百万用户。

图7.7 Keep（图片来自网络）

Keep俨然是自带流量、具备自分发能力的超级IP。毫无疑问，基于大量运动教程视频而形成的独特内容能力是其中最核心的芯片价值。而移动互联网时代，产品的生命周期越来越短，所以持续的内容能力甚至比开发爆款产品更为重要。

7.3.1.4 从品牌进化到IP

"朕亦甚想你"雍正御批折扇、奉旨出行车贴、尚方宝剑中性笔、团龙团凤鼠标垫、御前侍卫手机座，有着与威严肃穆的故宫博物院截然不同的风格，北京故宫博物院的淘宝店因"卖得一手好萌"受到了网友的追捧。

图7.8　故宫淘宝（图片来自网络）

图7.9　故宫淘宝（图片来自网络）

传统品牌如何一本正经地胡说八道？故宫淘宝的微信公众号以极具幽默调侃的语气，用一种全新的互联网视角解构大家早已熟知的帝王将相间的旧事。故宫淘宝巧妙地利用了跨界新鲜元素，重构了以明、清为历史背景的传统认知，形成了其独特的年轻化、基于社交网络传播的内容表达体系和风格。产品不再是功能表达，看不到使用特性，而是一种媒体表达，用户因爱它的调性，而爱它的产品。

是产品，是媒体，是IP。是知识，是内容，更是交易。故宫淘宝的成功不仅仅是社会化营销的坚决，它的IP商业价值体现在完整的内容体系梳理和建设上。

7.3.1.5　魅力人格的转化力

"前方高能""吓死宝宝了""怕怕，求弹幕保护""脑补德国boyBox"——这些是B站上粉丝围观游戏主播PewDiePie讲解恐怖游戏《层层恐惧》时的弹幕吐槽。

与大神、嗲声、卖萌这些游戏主播风格截然不同，PewDiePie更像是一个表情夸张、嘶哑吼叫的表演者。凭借自身独特的魅力和诙谐的解说，以及超高颜值，他吸引到大批粉丝——YouTube上的关注者超过5700万，久居人气榜首，人气指数甚至超过奥巴马和碧昂斯的总和。

图7.10　PewDiePie（图片来自网络）

借助视频网站上的极高人气，PewDiePie通过与游戏合作，2014年就赚得740万美元，2015年收入达1200万美元。他还推出了自己的手游："PewDiePie: Legend of the Brofist"，并与企鹅出版社合作出版了《This Book Loves You》。2016年他与迪士尼旗下的Maker Studios合作，联合8位YouTube人气主播，共同创立了一个全新的娱乐网站——Revelmode。

PewDiePie代表了一种平台之上达人和网红崛起的新路径。八卦、极致的人格，让他们更加具备用户基础、粉丝消费、卷入基因、众筹能力，这就是基于人格魅力形成的超级IP。这不是简单的人格化，它意味着拥有独特内容的能力、强粉丝运营的能力、形成KOL（关键意见领袖）信任代理的能力，并最终挣脱平台束缚，实现可扩展、可连接，甚至创造流量平台的能力。从这个角度来看，PewDiePie的进击之路在某种程度上也与之暗合。

7.3.2　如何玩转IP营销？

7.3.2.1　实现IP最大的价值

2016年3月爆红的韩剧《太阳的后裔》于爱奇艺视频网站同步播出，这样的方式已经足够发挥出这个IP的价值了，但是爱奇艺却依然继续从多面发动互动功效，反哺IP，获得IP的最大价值。

图7.11　《太阳的后裔》剧照（图片来自网络）

比如我们在爱奇艺网站观看《太阳的后裔》的同时，会在剧中看到男女主角的多款漂亮衣服、鞋包，或者是女主角使用的化妆品。于是，每次出现这些画面时，在爱奇艺的屏幕旁边就会出现剧中同款产品的购买小对话框，用户只要点击，就可以进入主演同款产品的购买页面。

例如在《太阳的后裔》第一集中，女主角姜暮烟第一次和男主角约会之前，在电梯里对着镜子进行补妆，使用的BB霜，在爱奇艺屏幕中瞬间出现了一个小对话框"宋慧乔同款兰芝气垫BB霜"。用户如果想要购买这款同女主角一样的BB霜，就可以直接点击，进入天猫美妆的这款产品购买页面中。

如此一来，《太阳的后裔》这个IP带动的利润和价值就不仅仅局限在电视剧中，通过这种互动还带动了更多衍生品的价值体现。因此，注重互动，才能更好地反哺IP，实现IP的最强、最大价值。

7.3.2.2　传统企业的IP发散

在IP营销大热的当下，传统企业的困惑在哪里呢？IP难道只是文娱产业的专属和标签吗？于是，很多传统企业对营销表现出了迷茫，甚至认为"IP"这两个高端的字母可望而不可即。

比如传统的房地产行业，要如何面对当前各大电影随便上映就能博得几亿票房的局面呢？房地产行业是不是也要去购买一个IP，投资拍摄一部电影呢？

再比如传统的服装行业，当越来越多的那些文学作者摇身一变成为网络红人时，你是不是还在辛苦地打开店门，笑脸相迎客户，或者苦口婆心地将电商消费者"拉"到线下？

传统企业每次在面对一个新的营销模式时，总是会先有"当头一棒"的感觉，一时之间找不到头绪，不知道在营销中究竟是盲目跟风，还是保守不前。

事实上，传统企业大可不必被"IP"这两个看上去非常高端的字母所震慑。传统企业保持自己的阵地，遵循自己的企业特点，在保证产品服务品质的基础上，发挥自己的优点，然后做好内涵上的丰富，提炼出可以符合当下人们心理需求的亮点，这样就能与IP接轨。

例如，传统汽车梅赛德斯-奔驰品牌在这一点上就做得很好。从传统意义上来讲，过去一个汽车品牌在推出新款汽车之后，会召开发布会。但是这个发布会往往比较正统，只是与汽车有关。

2016年3月30日，奔驰在北京民生美术馆举办了风尚之夜活动，在这个"风尚之夜"，奔驰系列C级轿跑车正式上市，C200轿跑以及C300轿跑汽车全新亮相。

奔驰在这个夜晚，不仅将这款汽车的外形、内在全新的呈现给用户，同时更借助中国国际时装周的IP热点来给用户送上了以奔驰为主题的时尚走秀盛宴。在活动中，曾获得"奔驰中国先锋设计师奖"的李筱为现场带来了最新季的作品中国首秀。在T台上，李筱的作品与当晚奔驰发布的C级轿跑汽车交相辉映，赢得了全场掌声连连。

图7.12　奔驰风尚之夜（图片来自网络）

同时，来自韩国的歌手黄致列也参与了这场风尚之夜。黄致列凭借在中国参加《我是歌手4》而爆红，人气飙升，成为新一代的歌手IP。当晚，黄致列给现场带来了3首劲歌热舞，将奔驰的发布会推向了高潮，带动了现场气氛，增加了这款汽车的时尚和动感元素，引爆整个会场。

图7.13　黄致列在奔驰风尚之夜（图片来自网络）

奔驰不仅在汽车方面加强内在，推出了符合人们追求的新款产品，更在营销上，善于运用IP来为自己的品牌、产品造势，获得了多渠道、多平台、多领域的好评。

很显然，传统企业应该向奔驰学习，在IP营销的大趋势面前，虽然有困惑，但是要结合自己的特点和优势，巧妙找到与自己的产品和营销相呼应的契合点，然后树立实现IP的变相营销，这样才能为自己带来更大的影响力。

7.4　各行各业中的IP实例解析

如今，IP营销正在走入各行各业，IP不仅仅是文娱产业的标签，更对其他行业造成了很大影响。

7.4.1　影视业

众多80后、90后追捧的郭敬明对IP营销也非常关注，他本身就是一个超级IP，但对IP在影视行业中的影响，他却有独特的看法。郭敬明认为，不是一部小说成功了，它就是一个成功的IP，而是这个小说被打造成了电影、电视剧、话剧、游戏乃至更多互联网的很多热门话题，它才是成功的。

在影视行业，不乏通过IP走向成功的案例。除了郭敬明的《小时代》之外，韩寒的《后会无期》、徐峥的《泰囧》《港囧》等都是较好的IP营销案例。而今年最热门的影视IP之一就是《三生三世十里桃花》，电视剧电影两面开花。

图7.14　剧版海报（图片来自网络）

图7.15　影版海报（图片来自网络）

7.4.2 文学业

孵化IP，文学界新的创业方式。

这些写手的目的也很简单，无非就是变现，拿到版税、稿费。

如今，这些写手突然发现了一个新的现象，自己多年积累下的个人品牌、作品以及粉丝的拥护和号召力，有了一个新的名词，叫"IP"。而这个IP正是影视公司、游戏公司、漫画公司争抢的目标。

于是，写手们意识到了一个问题：文学界新的创业模式出现。写手们不再单纯地创作文字，拿稿费，而参与商业竞争，方法是什么呢？方法就是凭借自己的名字、品牌和粉丝影响力，创办公司，孵化IP，以创业者的身份，不再局限在"文字"局面上。

也许鲜有人知道徐磊是谁，但很多人一定都听说过"南派三叔"这个名字。如果你连南派三叔也不知道，那《盗墓笔记》总会听过。没错，徐磊就是南派三叔，是《盗墓笔记》的作者。

南派三叔，可以说是半路杀出的作家，写过几本书，但最重要的作品还是《盗墓笔记》，而且粉丝称南派三叔一直在为粉丝填一个坑，那就是《盗墓笔记》，一部让所有粉丝牵肠挂肚了10年的文学作品。

《盗墓笔记》也是当代原创文学中的一大优质IP，10年打磨，积累了大批粉丝，《盗墓笔记》多渠道的展销也开辟了IP的跨界合作。抛开文学性来说，对于一个坚持10年创作同一文学作品的作者来说，能保持这样的热度，持续获得粉丝的认可，才是《盗墓笔记》这个IP价值的最大意义。

2014年，南派投资公司成立，南派三叔担任董事长。2014年6月，南派投资联合多家公司开始了自己的《盗墓笔记》大计划，在这个大计划中，包括电影、网络剧、游戏等。

2015年，南派投资和欢瑞世纪出品的《盗墓笔记》网络剧在爱奇艺独播，主演正是欢瑞旗下当红小生李易峰和杨洋。该剧开播后，为爱奇艺，甚至给网络剧付费业务带来了巨大影响。从下面这几条数据中就可以看出：2015年6月12日，《盗墓笔记》网络剧先导集上线当天，在22小时内就获得过亿的点击量，创下网络剧首播最高纪录；2015年6月16日，爱奇艺公布月度付费VIP会员数已经达到501.7万，其中《盗墓笔记》网络剧拉动的会员数周环比增幅超过100%；截至到2016年4月，《盗墓笔记》网络剧给爱奇艺带来的总流量超过29亿。

7.4.3　餐饮业

泰迪陪你，一个自带IP"高颜值"的咖啡馆。

说起餐饮企业，往往很多企业都是依靠产品与服务以及与用户的互动获得经营。但实际上，在IP营销大热的前提下，餐饮企业也需要真正去开发一个属于自己的IP互动产品，这样才可以稳固自己的客户。

餐饮企业想要抓住用户，那么就要培养客户对企业的忠诚度，这是决定一个餐饮企业能否占据市场，能否获得销售热潮的关键前提。下面我们就来看一家不依靠传统方式获得忠实粉丝，获得品牌存在感的咖啡馆，这家咖啡馆靠的是自带IP的"高颜值"。

这家咖啡馆的名字叫"泰迪陪你"，一家于2014年在成都诞生的咖啡品牌。然而，在当前"谁开咖啡馆谁死"的环境下，"泰迪陪你"却仅用了一年时间，就从默默无闻的咖啡馆成长为区域的营销先锋。这其中最主要的功臣就是IP。

图7.16　"泰迪陪你"咖啡馆（图片来自网络）

"泰迪陪你"最初走进人们的视线，就是因为泰迪熊。在成都的一些商场中，你会看到一个硕大的泰迪熊展会，里面陈列着各种风格的泰迪熊公仔，价格在几十元、上千元甚至上万元不等。各种各样的泰迪熊自然会吸引更多带孩子的用户，这些人会主动与泰迪熊合影，或者干脆买一两个自己喜欢的泰迪熊。

当用户购买了泰迪熊之后，会收到一张咖啡免费券。于是客户会被带入一个充满泰迪熊的咖啡世界，这就是"泰迪陪你"咖啡馆。当人们走入这个咖啡馆时，会被满屋子的泰迪熊所震撼，于是会本能地拿起相机，合影、自拍，然后轻松自然地发朋友圈、微博，这样就带动了更多客户前往"泰迪陪你"咖啡馆。这种看似不经意的泰迪熊，实际上就是一种IP产业链的延伸。泰迪熊就是"泰迪陪你"的IP，而这个IP营销又充分开发了泰迪熊的受众人群，将这个延伸联动连接到了咖啡馆产业链上。这种IP联动营销的方式，自然要比传统的营销方式更有效。

7.4.4　旅游业

相比于崛起于社交平台的人格化IP，乌镇，这个浙江嘉兴的千年古镇，在互联网时代也因为源源不断的丰富内容和KOL的信任背书，重新燃起了生命力，其商业模式变成一个超级IP在多地的输出和分发。

图7.17　乌镇风景（图片来自网络）

乌镇，文艺青年的梦里江南，凭借其1300年的建镇史，在当前话语体系里已经转变为一种生活方式和商业模式。这是一个典型的由多个名人信用背书的场景IP衍生IP生态的例子，也是旅游业IP打造的范例。

乌镇，首先是江南水乡的乌镇，是蓝印花布的乌镇，接着是陈丹青、木心的乌镇，然后是诞生了互联网大会永久会址的乌镇，缺少其中任何一环，都无法成为今日的乌镇IP。

图7.18　乌镇互联网大会（图片来自网络）

茅盾、中青旅、木心、陈丹青、互联网大会、黄磊、赖声川、陈向宏这些多样化元素赋予了乌镇超级IP的人格特征。从木心美术馆、国际戏剧节到世界互联网大会，乌镇不仅一次次吸引了世人的目光，也成为一个古镇开发保护的新样本，甚至其作为互联网的实体地标也有了确定意义。如今，每年近4亿元的旅游门票收入，已将乌镇推向了资本市场的风口浪尖，也让人们对乌镇的未来充满想象。

7.4.5　电商业

唯品会+周杰伦，玩一手好IP。

随着互联网和移动互联的发展，电商行业在近几年风生水起，很多大企业都会涉猎电商，只要营销恰当，几乎都能赚得盆满钵满。然而，2016年是

IP营销的时代，不要以为只要你涉足了电商，在网上发布一些产品就能分得市场份额了。其实不然，电商也要走IP这条道路，才能更加符合当前互联网的发展。

在这方面，唯品会做得十分不错，而且处处紧跟形势，在IP营销面前，唯品会在2016年3月25日，给大家抛出了一个劲爆的话题：牵手亚洲流行乐坛小天王周杰伦，打造了一个惊喜营销，可谓玩一手好IP。下面我们来看一下，唯品会电商是如何玩转IP营销的。

图7.19　唯品会宣传海报（图片来自网络）

周杰伦，是华语乐坛中的天王，可以说，每个80后的青春，都有周杰伦的影子。周杰伦在影视圈乃至整个文化圈内都有很大的影响力，人称"周董"。如果用最新鲜的词语来形容周杰伦的地位和影响力，那么他一定是一个超级大IP。

没错，唯品会这次牵手的就是这样一个大IP。2016年3月25日当天，唯品会与周杰伦的签约会正式发布。除了有正式的签约发布会之外，唯品会还和多家媒体进行图文、视（音）频的直播，场面十分热闹。

早在这个签约仪式之前，唯品会就曾放出"周杰伦担任唯品会首席惊喜官"的消息，甚至还有周董在唯品会的工作牌，这个消息也瞬间刷爆了互联网。人们纷纷转发并且互相分享这个信息，在人们谈论这是不是唯品会噱头的同时，紧接着唯品会官方微博也立即做出了反应，抛出了个话题"我的青春杰伦来过"与粉丝进行互动。

　　几天之后，唯品会又在官博上发出了更确切的通知"对，我们就是要签周杰伦来唯品会当CJO"，坐实了周董加盟唯品会的消息，而且这一微博获得了上万的转发量。

　　在签约发布会上，唯品会这次没有选择传统的方式，让周杰伦担任唯品会的广告代言人，而是给周董下了一纸聘书，聘请这位华语歌唱天王担任一个首席惊喜官的职位。也就是说，周杰伦成为了唯品会的一名员工，这是唯品会给用户带来的最大惊喜。

　　周杰伦的这个首席惊喜官的职位，主要负责的是唯品会品牌宣传这一方面，就连唯品会的会员用户，也都第一时间收到周杰伦送专享豪礼的短信通知。

　　同时，周杰伦入职当天就表示，做的第一件事就是把唯品会原有的广告词"精选品牌、深度折扣、限时抢购"改成个性十足的"都是傲娇的品牌，只卖呆萌的价格，上唯品会，不纠结"。这是唯品会带给粉丝的第二份大惊喜，而且这个广告词也真真切切展现出了周董独有的个性和风格。

图7.20　唯品会宣传海报（图片来自网络）

　　很显然，有了周杰伦这个大IP之后，唯品会的影响力也越来越大。虽然牵手周杰伦是傍大IP，但是因为给周杰伦下聘书，聘请周杰伦为"首席惊喜官"这个事件和内容，让唯品会这个电商平台摇身一变，也变为了开发和制造IP的角色。

　　在确定了与周杰伦签约之后，唯品会为了进一步加大后劲营销，于是又趁热打铁策划了一个"小唯，我想跟周杰伦做同事"的招聘话题，招聘首席惊喜官的助理这个事件。

粉丝经济的消费驱动力是十分强大的，很多品牌商邀请明星代言人也正是看中了明星自身IP的力度和影响力。由于周杰伦已经出道十几年，而且依然拥有着一股强大稳固、庞大的粉丝团体。就周杰伦本身IP的影响力来说，他能出任唯品会首席惊喜官一职自然会吸引到众多粉丝的自动转发。

这种与粉丝进行多元化互动，让唯品会策划的每个话题引爆都落在了受众身上，与用户形成深度互动的同时，也能让自己的电商品牌更加真诚有趣。

7.5　课后思考

1.请同学们结合通淘国际在线商城中的产品，策划一个校园新晋IP打造方案，并且启动线上线下结合的宣传。

第八章

跨界思维

现在很多朋友对"跨界"这个词都不会陌生，你一定下载过滴滴打车、途牛旅游、大众点评、去哪儿网等App，它们都是传统产业与现代产业"跨界"融合的典型案例。北京卫视去年推出一档全新的音乐节目——《跨界歌王》，邀请了一批演员在舞台上以歌手的身份进行比赛，也是跨界的一种形式。通拓科技的董事长邹春元先生、CEO廖新辉先生都是教师出身，有深厚的国画功底，创建了全国排名前五的跨境电商龙头企业，也可以说是跨界的典范。实际上，演员到歌手的跨度并不大，因为本身他们都是在文艺界这个范畴内；相对而言，从教育界到商界的跨度就比较大，它需要运用的是两种不同的思维模式。由此可见，跨界就是从某一属性的事物进入另一属性的运作模式。所谓跨界思维，就是大世界大眼光，用多角度、多视野的看待问题和提出解决方案的思维方式。跨界思维的核心是颠覆性创新，而且往往来源于行业之外的边缘性创新，因此要跳出行业看行业，建立系统的、交叉的思维方式、包括产品、技术、组织、模式等等的跨界创新，一切皆有可能。

图8.1　北京卫视跨界歌王第二季宣传图

8.1　跨界思维

8.1.1　什么是"界"？

进入互联网时代后，特别是随着移动互联网的普及，人们有更多的信息链接，供求信息的流通达到空前的释放，需求与供应在不断地被丰富和完善，跨界便具备了充足的可能性。怎么确定自己跨"界"了呢？

首先，在一般意义上来讲，"界"可以理解为对行业的不同划分命名。

不同行业如果在资源和战略规划上有相同的目标，可以进行资源共享，便可以实现"跨界"，比如优衣库与歌手法瑞尔·威廉姆斯合作，北汽与京东的跨界合作等。以京东和北汽合作为例，2014年3月，北京汽车新能源汽车有限公司与京东商城达成战略合作，双方将在共建新能源汽车线上旗舰店、加强新能源物流交通工具的推广应用、改进物流业运输服务等方面开展合作，共同推广普及新能源的概念。

其次，在处事思维层面上，"界"可以定义为"知"与"不知"的界限。如何实现"跨界"？作为领导者而言，应对方式有两种：一是丰富自己的知识面，人的知识面丰富了，无形中做决策的时候就已经在跨界了；二是让自己的团队多样化，通过团队中不同人的不同知识来影响激发其他人的想法。一个成熟的团队，员工素质能力多样化，彼此之间的知识形成良性互补，多维视角思考问题，才能彼此刺激，碰撞出无数的小火花。

8.1.2　跨界思维的特点

李楚文（知乎专家）认为，跨界思维主要有三个特点：

第一，跨界思维属于一种外向型思维，其属性就是外向，即更愿意到外面的世界开辟出一片新的天地。按照传统思路，云南白药做牙膏就是"用鸡蛋砸石头"的不自量力行为。不过云南白药因为拥有正确的跨界思维，所以成功地实现了产业跨界，仅用了短短7年的时间，就实现了从3000万元到30多亿元的跨界崛起奇迹，让整个商界都为之震撼。

第二，跨界思维是"三只眼睛"的全新思维模式，同时也是一种多向性思维的策划。在商场中有很多企业都将这种思维模式做到了极致。比如，娃哈哈杏仁青稞粥，跳出了传统的"八宝粥"范围，开启了一种"清新平衡"的全新诉求，开创出了新一代健康方便食品。案例表明，在今天的市场中，许多问题都不是一两只眼就能找出方向的，要想成功跨界，企业主就要拥有"第三只眼"。

第三，跨界思维更具有综合性。跨界思维涉及多行业、多领域、多文化，所以更具有综合性，需要实现由多到一的融合创新。在这个前提下，对跨界思维者的要求就会更高，他们必须具备多行业、多文化、多领域的营销策划能力。简单地说，如果按照传统流通产品的运作模式来做，娃哈哈爱迪生奶粉进军高端奶粉行业显然是不太可能的。但娃哈哈爱迪生奶粉却凭借跨界思维获得了成功，并向着年销售量100亿元的目标迈进。

8.1.3 为什么要跨界?

跨界的主要目的是为了"借智"。

实际上，跨界不能局限于形式上的借用，更应该注重的是"跨界思维"。跨界最难跨越的不是技能之界，而是观念之界。《易经·系辞》中说道："形而上者谓之道，形而下者谓之器。"著名哲学家张岱年先生说"所谓'形而上者谓之道，形而下者谓之器'，是肯定'道'高于'器'的"。也就是说，我们在具体形式上的借用远远不够，还需要高层次的思维模式的转变。比如，用哲学观点来阐述企业运营之道，这就是"跨界思维"之一例。人类的科学史、发明史不止一次地证明：创新总是发生在学科的交叉地带、边缘地带，离不开跨界思维。

思维跨越没有界限，创新永无止境。企业的规范运营前提是思维的跨越。一味墨守成规，一味沿用旧习，是无法创新的。不说也清楚，思想自由、思维灵动正如创意的眼睛、创新的灵魂。思想自由，则目光如炬；思维灵动，则意到神随。而欲达自由、灵动之境，跨界必先拆除思想的藩篱、打破思维的界限。当然，跨界思维，需要跨界者具有丰富的阅历、敏锐的眼光、通达的知识结构、融会贯通的观念、举一反三的能力以及多种人生经历。

8.2 对比看跨界

8.2.1 融合与整合

跨界思维本质上是一种开放、创新、发散的思维方式，大家常提的"向欧美发达国家学习"，就是一种最基本的跨界思维方式，因为技术在国内外的发达程度不一样，所以这个场景实际就是低端技术产业向高端技术产业学习的例子。举例来说，搜索领域百度学习Google，SNS领域微博学习Twitter，智能手机小米学习Apple，出行滴滴学习Uber，短租行业途家学习Airbnb，这样向欧美学习并取得成功的例子数不胜数。

下面我们来关注跟跨界密切相关的两个词：融合与整合。

先来看融合。

1990年，当三次荣获财经新闻界最高荣誉杰洛德罗布奖的畅销书作家布赖恩伯勒出版《门口的野蛮人》的时候，估计他从来没有想到这个短语会在20多年后如此风靡，并且，用意已经扩大到更广阔的范围。这本书讲的是美国雷诺兹—纳贝斯克公司被收购的前因后果，试图全面展示企业管理者如何获得和掌握公司的股权。"门口的野蛮人"这六个字是用来形容不怀好意的收购者的。现在我们常把行业壁垒以外的人称为"门口的野蛮人"。

在这个时代最勇猛的"野蛮人"正举着互联网的大旗杀来，行业壁垒已被打得粉碎，站在门口的那帮"野蛮人"貌似并不懂得门内的所谓专业规则，却对门内的市场垂涎三尺。

但"门口的野蛮人"冲进门内的同时，门内也并非毫无触动，他们也在提升自己。于是，融合诞生了，门内门外彼此渗透。

1994年4月20日，NCFC（北京"中关村地区教育与科研实施示范网络"）通过美国Sprint公司的64K专线，实现了与国际互联网的全功能连接。这标志着中国正式接入互联网，成为国际互联网大家庭中的第77个成员。

在过去的20年里，企业对互联网的使用，主要聚焦于外部营销，从一系列的互联网服务嫁接"营销"二字就可以看出来：搜索营销、BBS营销、博客营销、社会化营销（包括社区微博、微信）等等，早期门户是没有"门户营销"四个字的，但门户对企业的作用也就是营销一脉：广告、公关。

推广和销售对企业来说的确很重要，但显然，企业并不是只有这两个维度。有些企业有优良的仓储物流，有些企业有过硬的研发技术，当然，所有的企业都有行政、人事、财务这些职能。它们在过去的20年里，大量地电脑化、数字化，但互联网化程度还不够。

在中国企业内部，互联网化的工具主要是IM和电子邮件。这的确给企业内部沟通带来了效率上的大幅提高，但无论是IM还是电子邮件，都是比较轻型的服务，起到的更多作用是：互通消息、传输文件。它很难承载类似团队协作这类深度需求。OA作为一种软件，在过去曾一度大行其道，但在具体应用中，但凡用过的人，都会觉得非常笨重和不方便，尤其是OA在移动端的表现非常差，一点也不符合移动互联网的未来大趋势。

类似的企业内社交平台开始冒头，国外的YAMMER是其中一例，可以用"互联网化、社会化的OA"来称呼它，这个服务后来被微软以12亿美元之巨资购入账下。

在下一个10年，更多的中国企业将被互联网所渗透，有可能就在这10年中，互联网行业作为一个行业慢慢消失，因为大部分企业都已经完全互联网化了。

再来看整合。

以房地产业为例，目前跨界经营的房地产企业日益增多，整合行业和资源优势进入房地产产业的延伸领域是房企跨界的主流趋势，涉及的行业包括互联网行业、金融行业、社区服务行业、文化产业、体育产业、健康产业等。

在行业巨变、土地价格飞涨、频繁的政策调控多方发力的背景下，龙头房企在保持房地产核心业务稳定发展的同时，积极探索跨界的多元化路径几乎成为一致的选择。

众品牌房企多元化转型。由于土地成本、开发成本、人力成本都在增加，房企的销售价格不再像以前一样实现高速增长，所以房企的利润空间在收窄。为了寻找新的盈利点，房企开始探求多元化发展。但无论房企走向何方，都需要根据自身优劣，最大化规避短板，发挥长处，才能在未来竞争中取得相对领先的优势。

社区运营成新领域。近几年，房地产行业的转型大潮继续。房企的业务转变方向开始越来越明晰，"进军社区"成为大企业谋求新增长点的业务发展方向。品牌开发商物业走市场化道路，并不仅仅满足于物业服务面积的扩大，服务理念和战略定位也随之转变。

社区服务运营升级。万科地产就突破以往生鲜街市的传统模式，在全面升级街市传统功能品质的基础上，加载生活服务、O2O平台、休闲娱乐等多个模块，打造全新社区生活服务集合店——幸福街市。而老牌大型社区，同样也在探索物业服务的新路向。位于广州番禺的祈福新邨素有"中国第一邨"之称。近几年，祈福新邨在完善社区生活配套设施建设上不遗余力，注重相关设施的网格化分布，兼顾不同居住区域住户的便利性。

房企出海战略升级。万达作为海外扩张的代表性企业之一，其商业地产主要布局在大洋洲、北美洲和欧洲。与此同时，万科的海外布局也在不断加速。广东三家房企碧桂园、富力、雅居乐都不约而同地选择马来西亚为海外房产开发地，将国内地产开发的战火燃向了大马。

由此可见，融合和整合是实现跨界的重要抓手，跨界效果如何，就看这二者的实现程度了。

8.2.2 "夕阳"与"朝阳"

这里的"夕阳"是指实体经济，"朝阳"是指跟互联网相关的虚拟经济，加上引号的意思是夕阳与朝阳的概念都不是绝对的，夕阳产业插上互联网的翅膀也可能成为新兴的朝阳产业。换句话说，没有绝对的夕阳产业，只有夕阳思维。

实体经济一直是支撑国内经济的保障和基础，然而互联网的诞生改变了实体经济的发展过程和行进速度，将人们的精神文化生活推向了高潮。逐渐取代了实体经济的渠道、营销、推广的线下过程。2015年提出的"互联网+"将一众互联网企业推向发展高潮，大众创新、万众创业，可是创业的成本高、成功概率低，在这一波浪潮中倒下了一批人，互联网由此进入了震荡式寒冬。2016年提振实体经济又成为主旋律，而实体经济受到的互联网冲击也不是短时间就可以消除的。

实体真的不行了？不是。看似繁荣的实体行业进入了行业洗牌的阶段，其实就是为了把行业进行重新分配，那些技术实力差，库存产品不足，行业影响力薄弱的企业就成为重点整治对象。而那些通过实力检验，能够持续创新的企业才会存活下来。因此，未来的实体产业要么是有独一而无二的产品，要么是有不可忽视的行业品牌影响力，在风云变幻的商业战争中，实体经济正在积蓄力量。

融合产生巨变。联合、共赢等都是从行业的角度来讲，真正能够做到的企业很少，如今的互联网企业的崛起是一个契机。实体企业本身应该抓住互联网实现渠道的融合，如果反应速度太慢、后知后觉，无法将科技融汇到企业中去，企业发展势必会脚步变慢。

实体经济仍然是整个流程中的主体部分，渠道、营销都是围绕着这个来进行的。我们生活的世界是一个物质世界，实实在在的商品是生活必需品，而互联网作为连接产品与人之间的网，起到桥梁的作用，也是促使商品快速流通的有效手段。一旦商品流通速度加快，就会加速行业流程的循环过程，对整个行业起到积极的作用。融合的重点就在于"融"，二者结合之后达到"通"，最后循环往复，相辅相成，生生不息。

8.2.3　格局与破局

先来看格局。

互联网改变了我国经济格局和产业版图，催生了很多新经济形态。跨界思维将充分发挥互联网在生产要素配置中的优化和集成作用，将互联网创新成果深度融合于经济社会各领域之中，改造传统产业，助推新兴产业，特别是提升实体经济的创新力和生产力，形成更广泛的以互联网为基础设施和实现工具的经济发展新组织、新模式、新业态和新格局。

"跨界"赋予国家竞争新内涵。以互联网为主要平台和内容的信息技术正与工业、能源、新材料等领域的技术交叉融合，形成新一轮技术革命与产业变革，使国家竞争不再局限于传统行业。在"互联网+工业"的新竞争战场上，国家间的竞争有了新内涵。目前，德国的"工业4.0"基于制造业基础向互联网融合，美国的"工业互联网联盟"利用互联网优势激活传统制造业以提升工业价值创造能力。我国的"中国制造2025"计划将促进互联网信息化与工业化深度融合，推动"中国制造"走向"中国智造"。

"跨界"打造行业竞争新模式。互联网已渗透至各行各业，传统行业纷纷变革发展模式，以技术、产品、服务、商业模式等方面的创新占得竞争制高点，催生诸多新兴业态。"互联网+传统零售业"形成电子商务，撬动信息消费；"互联网+传统工业"形成工业互联网，引领制造业向"数字化、网络化、智能化"转型升级；"互联网+传统金融"形成互联网金融，助力"普惠金融"。面向未来，互联网与传统制造业的融合，将推进工业互联网、智能制造以及"无工厂制造"，极大推动传统制造业转型升级。同时，"互联网+工业"、"移动互联网+工业"、"云计算+工业"、"物联网+工业"等跨界融合会让现代制造业管理更加柔性化，制造更加精细，更能满足市场需求。

"跨界"构筑企业竞争新格局。当前，运用新的发展观抓住机遇成为企业竞争实力的重要标志。阿里巴巴以"互联网+传统集市"的思路打造了淘宝和天猫，以"互联网+传统银行"的模式创新了支付宝和余额宝，成为全球第二大互联网公司。同样，"互联网+传统广告"成就了百度，"互联网+传统社交"成就了腾讯，"互联网+传统百货"成就了京东。这些位列全球十大互联网企业中的中国企业都是凭借跨界思维取得了竞争优势和领先地位。在可预见的未来，借助跨界潮流，互联网企业与传统行业、实体经济与虚拟经济、产业资本与金融资本以及三次产业之间会不断打破原有产业边界，相互跨界。这在构筑各自全方位竞争实力的同时，将带来各产业领域竞争态势的变革。

如何破局呢？我们以几家典型企业为例，看看破局之道。

一是改变自己。

新时代改变还要继续，创新的脚步不能停歇。以蒙牛乳业为例，创新可以围绕营销创新、体系创新、产品创新三个方面展开。

营销创新的三个关键词叫"痛点、跨界和留白"，需要极致表达品牌的"痛点"，以及卖点及时传达；需要思考艺术赋予品牌灵感的"跨界"，成为有气质的品牌；需要"留白"，在营销过程中如何给消费者留有空间，让他们去创造更多与品牌的互动联想；体系创新，需要关注O2O线上线下互动，做好准备，拥抱"O2O"；产品创新，就是要重新发现产品的价值，通过科技手段创造出更好的产品。

二是改变策略。

其一是实施全球资源采购战略。

以伊利为例，在"乳业新政"、"整合"、"可追溯"等热词中，埋藏着一条将对中国乳业的发展产生巨大影响的线索：转型升级。为此，伊利引进了很多国外先进技术，包括UHT灭菌奶生产技术、婴幼儿奶粉生产技术等，本土化的研究将成为中国乳业发展的新动力。为进一步实施全球资源采购战略，伊利在新西兰投资1.78亿美元建设万吨级婴儿配方奶粉项目，与美国最大的牛奶生产商DFA建立了战略合作伙伴关系。

其二是全面执行互联网零售战略。

以苏宁为例，全面转型互联网零售是苏宁在把握全球零售业发展趋势下做出的重大战略决策，当前零售业在经历以连锁经营为代表的实体零售阶段和以电商为代表的虚拟零售阶段后，正加速迎来虚实融合的O2O零售阶段。经过近几年的探索实践，苏宁明确了"一体两翼的互联网路线图"——即以互联网零售为主体，以O2O的全渠道经营模式和线上线下开放平台为两翼。

其三是形成创造优势。

以联想集团为例，他们不希望仅仅是数量上的领导者，更希望是创新和创造方面的领导者。所以，加强产品创新、提升自身创造力迫在眉睫，如何给客户提供好用、易用的终端和丰富的应用成为发展的重要方向。再看格力，提出要融合传统的销售模式和现代的消费方式，线上线下两种渠道紧密结合。

8.3 跨界那点事儿

8.3.1 互联网的"+"法法则

"互联网+"是以"信息化"与"工业化"相融合为基础，通过信息通信技术以及互联网平台，使互联网与传统行业进行深度融合，形成经济社会发展的新形态。实际上，互联网"+"的就是各个传统行业。

那么，"互联网+"的"+"意味着什么，代表着什么？

其实，"+"就是跨界！

我们的日常生活中，很多时候，都能直观感受到跨界的存在。

20世纪70年代，第一辆在两厢车基础上改装而成的跨界车出现了。然后，21世纪初期至今，由日本铃木公司和意大利菲亚特集团共同开发，全球第一款的CROSS车型SX4应运而生。而SX4中的"X"便是Crossover，交叉车型的意思。

图8.2　SX4车型图片——图片摘自BAIDU

无独有偶，早在1999年，德国的运动服饰品牌彪马（Puma）就提出了"跨界合作"的概念，与德国高档服饰品牌Jil Sander合作推出高端休闲鞋。到2003年，彪马联手宝马mini，双方签订合作市场推广协议，彪马专门设计出一款黑色的驾驶用鞋Mini运动二分鞋（Mini Motion 2 part shoe）。

图8.3　驾驶用鞋Mini运动二分鞋（图片来自网络）

随着信息技术的发展，各个品牌和产品的价格、渠道等信息愈发透明化，各个行业领域的品牌在占领市场高地进程中，为了拉拢消费者无所不用其极，但是，两败俱伤是大家都不愿意看到的场面，所以不论行业巨头还是后起之秀，选择了更聪明的做法，他们提炼出自己品牌的特有属性，再去寻找另外一个行业的品牌能与自身相融合的，这样，不仅免去了同行间竞争加剧的不良反应，同时还能拓宽原本的销售渠道，能在另外一个行业领域开发自己的潜在消费群。这种"四两拨千斤"的做法越来越被各品牌商家广泛运用，后来也就逐渐发展为"异业合作"。

异业合作，是指两个或两个以上不同行业的企业通过分享市场营销中的资源，降低成本、提高效率、增强市场竞争力的一种营销策略。"异业"是与"同业"相对应的概念，代表不同行业。因此，异业合作的核心包括两方面，其一是营销主体为不同行业的企业，其二是以合作的方式进行营销。

美国知名漫画公司"漫威"就在异业合作方面做得非常出色。

2015年5月1日，《复仇者联盟2》在北美上映并取得首映三日斩获1.8亿美元的成绩。如此佳绩，除了与电影本身的内容相关，更是离不开漫威的跨界动作。

漫威早已开始布局，携手三星S6、吉列、优衣库、奥迪TT、UnderArmour，与各行各业进行全方位跨界，与各大品牌开始展开密切的异业合作，周边产品的热销与电影票房的大卖形成了紧密有效的联系。

自2012年11月易观国际董事长兼首席执行官于扬首次提出"互联网+"理念，2014年11月，李克强出席首届世界互联网大会时指出，互联网是大众创业、万众创新的新工具。国家政策的推动，让"互联网+"应用进程不断在推进，在这个人人都离不开互联网的时代，各个行业都争先恐后地搭上互联网的快车。

2017年1月13日，"佳洁士"携手"三只松鼠"通过京东超市就演示了一次非常成功的异业合作案例，而佳洁士×三只松鼠年货节"一口好牙吃得开"电商整合项目也在2017年获得了ECI国际数字商业创新大奖铜奖。

图8.4　漫威携手三星S6、吉利、优衣库的广告（图片来自网络）

佳洁士作为优良的口腔护理产品在行业内已有较为广泛的知名度。通过电商平台其销售占比也在逐年提高，但为了在电商上争取更大的市场份额，寻求品牌发展的突破口。佳洁士决定与坚果产品的零食类巨头"三只松鼠"结盟。利用产品捆绑销售的方式，佳洁士可以借力于三只松鼠的销售带动，在两者相似度高但不完全重合的目标消费群体相互拉新，更有效地为品牌扩大市场份额。

图8.5 "佳洁士"携手"三只松鼠"的广告（图片来自京东商城）

在过年的时候，想多吃点好的又怕损害到牙齿，利用这样的消费心理，"一口好牙吃得开"的异业合作项目成功提升佳洁士在电商渠道销售表现和市场份额，其中京东年货节达到了日常销售的三倍转化率，佳洁士成为京东口腔品类销售第一的品牌，天猫年货节活达到普通聚划算销售的1.8倍。

互联网的"+"法很大程度上取决于加的对象是否能最大限度扩大自身品牌和产品的优势特征，同理，也能让合作方达成同样的目的，促成共赢。

8.3.2 专业平台的"不务正业"

58作为国内领先分类信息平台，便是最典型的互联网跨界平台例子。

58集团CEO姚劲波在一次现场演讲时也说道："中国服务业连锁化品牌化的过程和中国互联网的崛起包括O2O的崛起在同一个时间发生，这两波叠加以后，我们可以看到最近几年最火的公司包括最近几个大的并购都是在服务业跟互联网交叉之地，例如我们58同城和赶集、大众点评和美团、滴滴和快的合并，都创造了百亿美元以上的市值平台。

"他们看到，一夜之间，在身边很多行业突然由一个完全不属于这个行业的人做了一个产品，自己就被挤出了这个市场。"

"一方面，传统行业在变化中寻求拥抱互联网，通过互联网传播，通过互联网提供服务和产品；另外一方面，互联网的很多从业者也在借助自己的优势进入传统行业。这两波人在很多行业打得火热，包括今天最火的领域滴滴和神州租车、首汽租车等企业，其中一波来自于互联网行业，另一波是传统行业从业者，他们正在激烈竞争。"

"谈及跨界，无论是投资，抑或创业，在今天这一阶段，可能在各个行业赢的人恰恰都是互联网跨界到传统行业的人。服务行业360行都不止，我特别期待看到一些传统行业的人能够胜出，我们作为58平台也会提供很多工具和产品，能够帮助传统行业应对互联网的挑战，这是我们在做的。"

"58同城做加法的地方，恰恰在于帮助传统行业的商家变得更强。在一些传统行业被颠覆之地、在互联网从天而降之地，我们不断把这些业务分拆出去。58同城最近做的几个大的并购都是在传统行业，在传统服务的商家领域。例如，我们并购了安居客、中华英才，与赶集合并，都是在平台领域上让商户变得更强。"

"这里的逻辑是，在这些领域，我们把业务往回收，并尝试颠覆这个行业的垂直领域，把业务在往外放。比如我们正在推进的专业二手交易平台转转，它是一个完全要替代掉二手商铺的地方，我们把业务往外放，希望去颠覆这个行业。"

互联网平台本身就具备整合各界资源的天生优势，因此，依靠互联网跨界思维，让许多互联网专业平台通过在其专业领域过往积累的行业经验，在提升改造传统行业中存在的发展弊端与瓶颈的同时，也对整个平台资源进行了一次有机整合。各大平台不再只着眼于原先行业的发展前景，而更多地去考虑行业垂直领域的有效空间以及在未来几年里平台能涉足更多的领域，在市场上能保持更长久的领先优势。

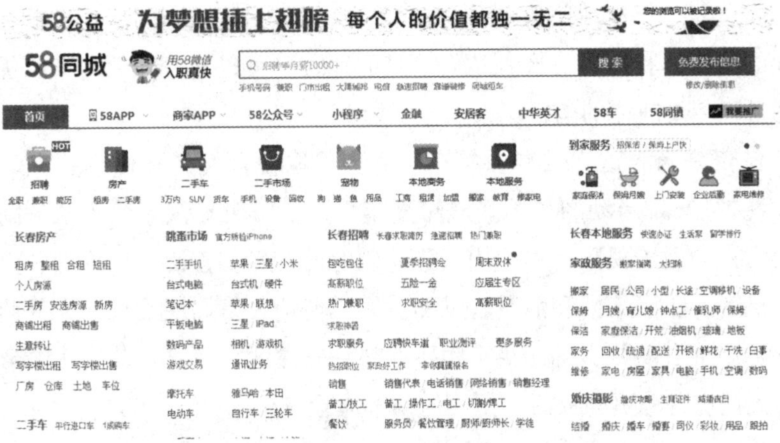

图8.6　58同城网页（图片来自58同城网站）

　　微信、微博、陌陌这些一开始纯粹的社交平台逐渐开始演变，到后来可以作为交易平台、营销平台、直播平台、自媒体平台，这些转变既是大势所趋，也是发展需要。平台的功能性若永远只停留在点状，很难让用户产生持续的黏度。而跨界思维恰恰就是以点带面，不盲目地沉醉在眼前的优越感，通过跨界创新让更多的行业融入，让平台及其产品更具人性化和多样性，从而引领新的消费体验和消费观。

8.3.3　从"新体验"到"新消费"

　　打车软件是一种智能手机应用，乘客可以便捷地通过手机发布打车信息，并立即和抢单司机直接沟通，大大提高了打车效率。如今各种手机应用软件正实现着对传统服务业和原有消费行为的颠覆。

　　"滴滴"作为一款O2O打车软件，正是赶上了"互联网+"的风口，通过网络信息服务和交易平台，打破了原有的出租车格局，成功地跨过传统打车行业的界限，改变了大多数人出行的习惯和体验。

　　而滴滴在与快的合并，收购了优步以后，已在市场建立了较为牢固的地位，目前还跨进了餐饮、共享单车、租车等行业。

　　现在打开滴滴软件不难发现，滴滴又联合了支付宝，在每次结束行程付完款时，可以选择领取附近商家优惠券，这在一定程度上又实现了"大众点评"、"美团"等生活信息平台的功能。这将对使用滴滴的出行人群又创造一次新的消费体验，当每次到达一个目的地时，可以通过附近商家的优惠券来选择自己将要前往的消费场景。

不仅仅是滴滴这样的专业打车平台为了取悦消费者在做着更多的跨界革新，在7月26日启动的"天猫汽车嘉年华"上，天猫汽车发布了一则汽车自动贩卖机的概念视频，将运用天猫开创的汽车新零售模式，这种"汽车自动贩卖机"，有望年内和消费者见面。原本消费决策周期最长的大件商品汽车，有了这个自动贩卖机，买车跟买饮料一样方便。通过自动售卖的形式，为年轻人提供一种更为灵活、便捷的购车体验。

图8.7　滴滴打车网页（图片来自滴滴官网）

目前，中国的初创公司已经进入了"共享经济"时代，实现了从汽车、自行车到雨伞、篮球和充电宝，"共享"概念的项目层出不穷。中国共享经济的增长是不容忽视的。2016年共享经济贡献的交易额达5000亿美元，中国政府预计到2020年共享经济将占到其经济产出的10%。

近日，摩拜单车在北京举行发布会，正式宣布"摩拜+"开放平台战略，全面布局"生活圈"、"大数据"和"物联网"三大开放平台。首批入驻摩拜"生活圈"的包括中国联通、招商银行、中国银联、百度地图、悦动圈、神州专车、华住酒店、富力地产等8家行业领军品牌，覆盖电信、金融、出行、健康、酒店和地产等众多领域。

其中，中国联通用户服务App将增加"扫一扫"解锁骑车功能；用户的沃信用分在达到一定标准后，除可享受"押金沃代付"优惠外，还可以享受

"骑行沃买单"特权，骑行费用最高全免，并可获赠流量。

从共享单车、共享汽车到共享雨伞，无不是通过互联网"+"上传统行业为用户带来全新的感受，然后逐渐养成用户新的消费习惯。

8.4　跨界思维训练

8.4.1　联系与发展

作为哲学概念，联系是指事物内部矛盾双方和事物之间所发生的关系。事物的联系是普遍存在的、多种多样的。发展是新事物取代旧事物，是事物前进的、上升的运动和变化。

发展是一种联系，是事物运动变化过程中旧事物与新事物之间的联系。

跨界思维的养成，首先要从观察事物的联系出发，只有善于发现事物的因果逻辑、本质规律，才能更有效地进行融合互通。

在西方有一首民谣：丢失一个钉子，坏了一只蹄铁；坏了一只蹄铁，折了一匹战马；折了一匹战马，伤了一位骑士；伤了一位骑士，输了一场战斗；输了一场战斗，亡了一个帝国。

世界上的一切事物都处在普遍联系之中，其中没有任何一个事物孤立地存在，整个世界就是一个普遍联系的统一整体。事物的联系是客观的，人们要认识和把握事物的真实联系，就必须具体地分析事物之间的联系。一个钉子和一个帝国看起来毫无联系，但通过一些中介，如蹄铁与战马、战马与骑士、骑士与战斗等，两者之间就发生了紧密的联系，而人们正是忽视了它们之间的某种客观联系才导致了"亡了一个帝国"的悲剧。

跨界思维的目的在于发展，互联网跨界更是通过科技创新的颠覆性思维给予事物发展的动力，在变化这么快的时代，懈怠一分钟，可能就会落后一年。

刻舟求剑的故事大家都很熟悉，说有个楚国人，坐船渡河时不慎把剑掉入河中，他在船上用刀刻下记号，说："这是我的剑掉下去的地方，一会儿到岸的时候我就在这跳下去找剑。"当船停下时，他沿着记号跳入河中找剑，遍寻不获。这个故事揭示的就是人的眼光未必与客观世界的发展变化同步。

8.4.2　正面—反面

正向思维，就是人们在创造性思维活动中，沿袭某些常规去分析问题，按事物发展的进程进行思考、推测，是一种从已知进到未知，通过已知来揭示事物本质的思维方法。这种方法一般只限于对一种事物的思考。坚持正向思维，就应充分估计自己现有的工作、生活条件及自身所具备的能力，就应了解事物发展的内在逻辑、环境条件、性能等。这是自己获得预见能力和保证预测正确的条件，也是正向思维法的基本要求。

但正向思维往往会给我们思考问题带来一定的局限性，因为我们会产生主观性过强的判断，从而导致事情的结果经常会与我们的预期相悖，所以我们也需要经常以逆向思维作为帮助，我们更多时候需要站立在对方的立场去考虑问题。

孙膑是战国时著名兵法家，至魏国求职，魏惠王心胸狭窄，妒其才华，故意刁难，对孙膑说："听说你挺有才能，如果你能使我从座位上走下来，就任用你为将军。"魏惠王心想：我就是不起来，你又奈我何？孙膑想：魏惠王赖在座位上，我不能强行把他拉下来，把国君拉下来是死罪。怎么办呢？只有用逆向思维法，让他自动走下来。于是，孙膑对魏惠王说："我确实没有办法使大王从宝座上走下来，但是我却有办法使您坐到宝座上。"魏惠王心想：这还不是一回事，我就是不坐下，你又奈我何？他便乐呵呵地从座位上走下来。孙膑马上说："我现在虽然没有办法使您坐回去，但我已经使您从座位上走下来了。"魏惠王方知上当，只好任用他为将军。

8.4.3　独立思考，群体创造

德国著名哲学家亚瑟·叔本华非常敬重德国另一位大家康德，既使充满了敬佩和赞赏，但当他们在认识论上产生了分歧，叔本华还是在对康德哲学批判的附录标题上，引用了伏尔泰的一句话：真正的天才可以犯错而不受责难，这是他们的特权。

他说，从根本上说，只有我们独立自主的思索，才真正具有真理和生命。因为，唯有它们才是我们反复领悟的东西。他人的思想就像夹别人食桌上的残羹，就像陌生客人脱下的旧衣衫。

这个永远都在怀疑的哲学大家其实就在证明着一件事情，便是独立思考的重要性。具备独立思考的能力首先就需要对外界信息保持一颗怀疑的心，养成自我筛选辨别信息的能力；其次，学会享受孤独，养成可以一个人独处的习惯，对独立思考的帮助非常大；然后是有选择地收集信息，而不是盲目地、带有任务性地去学习知识，要主动寻找能解决当下问题的知识；最后，养成辩证思维，看待问题多维化，尝试从不同角度、出发点及高度去分析问题。

《众包：群体力量驱动商业未来》讲述的就是"众包"之父杰夫·豪数年的考察结果。众包启动了当今科技的转型，释放了所有人的潜力。它唯能力是问，不论年龄、性别、种族、学历、工作经验，唯一重要的是工作效果。每个领域都让各类人参与，只要能够执行某种服务、设计某种产品、解决某个问题，工作机会就属于你！企业到底该如何借助群体的力量？众包改变了工作的组织方式、人才的运用方式、研究的实施方式，以及产品的生产和营销方式。在众包面前，企业创新已经不再是难题！

这其实就是群体创造的力量，互联网时代，早已不能单兵作战，一款应用广泛的软件，颇受用户青睐的游戏，销量领先的汽车，归根到底都离不开背后强大的研发团队。群体创造的优势便在于随时保持信息互补，技术支持，高效且节约成本。

8.5　跨界典型案例

8.5.1　"网易云音乐"打造"华为G7自在时刻"

一个是国内知名度正逐渐提升的音乐产品，另一个是知名企业重点打造的手机新品，双方携手打造原创电台节目"华为G7自在时刻"。围绕"华为G7自在时刻"的内涵，结合网易云音乐社交平台，不仅打造了首个以FM电台模式与目标群体情感共鸣的手机产品，也为国内品牌创新音乐营销之路提供了范本。

8.5.2 上"淘宝"买"万科"房

淘宝与万科"强强联手"，似乎是为了将淘宝用户打造成万科的目标客户群。对于这二者的合作，拍手称赞者和嗤之以鼻者都大有人在。一位知名房产商领导人甚至公开表示："淘宝的客户不是我们的客户，两个客户群，淘宝的客户买不起我们的房子。"

8.5.3 "小米"约会"美的"

小米和美的的联姻引起了行业激烈的讨论，格力集团董事长董明珠甚至炮轰，"两个骗子在一起，是小偷集团"，不过这并不影响业内对于这桩交易的关注度。雷军似乎在下一盘很大的棋，未来，我们可能会看到小米和美的在智能家居等各方面的合作创新，美的小米的联姻也会刺激更多家电公司寻求联合的方式加以对抗。

8.5.4 看"陆金所"的"罗辑思维"

陆金所俨然成了互联网金融行业的老大哥，玩起"跨界营销"来也丝毫不含糊，近期与国内知名脱口秀节目罗辑思维达成了合作，罗胖子更是夸口要和陆金所把金融做成"有温度的东西"，并针对罗辑思维的会员推出了"送别礼"。抢到这份"礼物"的用户是否真正感受到"春天般温暖"我们不得而知，但双方的合作却是一次可圈可点的跨界营销案例。

8.5.5 "宝马"、"奔驰"的"世界杯"情怀

四年一度的世界杯是一场全世界的狂欢，营销之战甚嚣尘上，你方唱罢我登场，热闹得很。"宝马"和"奔驰"同为德系汽车高端品牌，这两个昔日的竞争者，在马年的世界杯期间，为了支持国家而"化敌为友"，同时在其官方微博上贴出了世界杯德国队的加油微博，并共同推出"We are one team"这样一个主题精神。两大品牌还纷纷以国家之名来进行各种致敬，展

现了两个强势品牌双方一起精心策划的世界杯营销。不得不为宝马与奔驰的
营销思路点赞!

8.6 课后思考

1．你认为什么是跨界，具有哪些特点?

2．跨界思维给了你什么启示?

3．跨界思维方式的训练里你觉得哪一项最契合你的需求?

4．跨界典型案例里哪一个给你启发最大?

第九章

平台战略

在互联网和移动科技高速发展的背景下，不少公司借由平台取得了巨大的成功。而我们的生活也因为平台的发展发生了翻天覆地的变化，产生前所未有的便利。如滴滴打车、美团外卖、共享骑行等等，这些平台的出现，有效的整合了多方资源，通过平台运作各取所需，实现共赢！那么平台的发展是否有通用的法则或是参考依据，以及应该采用怎样的战略才能走得更远呢？

9.1　平台商业模式带来的发展与价值

9.1.1　何为平台商业模式

互联网的发展，带给了我们翻天覆地的变化。从每天早晨一睁眼抓起手机看是否有未读消息，到出门工作、约车上班、美食外卖、下班回家，一直到我们睡觉前发出的最后一条消息，我们的生活在互联网的连接下变得十分便利，而我们享受的每一项服务也都运用了"平台商业模式"的概念，这是一种革命性的趋势，平台模式已经深入人们的生活，出现在包括社交网络、电商、游戏、地产开发、第三方支付等各种产业中，而且正不断改变人们的生活方式，也在全球商业竞争中扮演着重要角色。

那么，何为平台商业模式？

概括而言，平台商业模式是指连接两个（或更多）的特定群体，为他们提供互动机制，满足所有群体的需求，并巧妙地从中赢利的商业模式。比如电商之首淘宝网连接了商品卖家跟买家，让他们相互之间满足各自的需求。

不过，好的平台不应该仅仅简单提供渠道或中介服务，其精髓在于打造一个系统潜能强大的"生态圈"，能够有效激励各个群体之间的互动。比如苹果公司，凝聚了音乐、出版、电信等各个环节。一般来说，平台生态圈里的一方群体一旦因为需求增加而壮大，另一方群体的需求也会随之增长，如此一来，一个良性循环机制便建立起来，通过平台交流的各方也会促进对方无限增长，而通过平台模式达到战略目的，包括规模壮大和生态圈的完善，乃至对抗竞争者，甚至是拆解产业现状，重塑市场格局。

9.1.2　平台商业模式的兴起

平台商业模式的概念并非近现代才开始出现，它一直以来就被不断运用，是人类社会最有效的商业模式。如城市中的"市集"，商家在街道摆设摊位，赚取来往过客的钱，同时与城市管理单位分摊利润。"市集"的规模越大，就会有越多的人来，不断膨胀的人数会吸引更多的商家入驻，这样不但促进了商品的多样化，也在竞争中提升了商家的质量。"商家"与"消费人群"这两个群体密切联系，良性循环加速，能释放出惊人的动力。互联网的兴起为平台商业的崛起提供了前所未有的契机，并使其以令人难以置信的速度和规模席卷全球。

9.1.3　网络效应

平台商业模式的特点就是利用群众关系来建立无限增值的可能性。传统的经济现象将消费时所获得的价值视为个人层面的东西，与外界无关，而在信息高度流通的时代，一些产品与服务，当使用者越来越多时，每一位用户所得到的价值就会呈跳跃式增加。网络效应可以在平台商业模式中发挥极大的效用，腾讯QQ就是其中一例。QQ能快速增长的关键原因，就在于它捕捉到了网络效应，通过人与人之间的关系网络的不断增值，不断扩大用户规模，人们之间的交流沟通深深地依赖这一平台，最终使其成为中国人社会生活的必需品。在拥有强大的用户群体后，腾讯QQ扩展业务，扩大规模，最终形成更强大的"生态圈"。平台商业模式的精髓在于打造一个完善的成长潜能强大的"生态圈"，它拥有独树一帜的精密规范和机制系统，能有效激励多方群体之间互动，达成平台企业的愿景。

9.2　平台生态圈的机制设计

9.2.1　确定用户群体

9.2.1.1　双边模式

分析或设计平台商业模式的首要步骤就是定义多边或是双边使用群体，

确定这些不同的用户群体是谁，以及他们的原始需求是什么，这是建立平台企业的第一步。经研究发现，无论是多么复杂的生态圈，无论该企业拥有多少边群体，最基础的构成元素都是以基本的双边模式搭建而成（图9.1），换言之，就算一个平台企业同时连接四五个不同边的群体，其分析元素也是一样的，"双边"就像是积木最基本的建构单位，再复杂的平台架构，都可以参照图9.1来解构分析。由平台搭建起的生态圈不再是单向流动的价值链，也不再是仅有一方供应成本，另一方获取收入的简单盈利模式。对于平台商业模式来说，每一方都代表成本与收益，都可能在等待另一方先来报道，因此，平台企业需要同时制定能够纳入多边群体的策略，讨好每一方使用者，这样才能真正有效地壮大其市场规模。

图9.1　双边模式基本架构

9.2.1.2　三边模式

多边模式的核心是以双边模式为基础建构单位，连接起双方不同的群体，但也有另一种特殊基础模型，即以三个边为生态圈的核心单位。这与双边模式在壮大过程中再增加一边群体不同，三个群体彼此吸引缺一不可，拿掉其中任何一边，这样的商业模式都无法成立。最典型的例子就是媒体，比如报纸以时事为内容，吸引读者，再以读者吸引广告商，电视台以节目吸引观众，再以观众的收视率吸引广告商，如图9.2所示，这三个群体的跨边网络效应是单向的。需要强调的是，当一个平台企业对某一群体采取策略性开放措施，这一群体就将成为生态圈中的一个独立"边"；反之，若该群体的个体完全由平台企业私有，则不能算作独立的"边"。这些原本运用双边模式的平台企业会根据发展导向或竞争策略，开启或关闭第三方群体，但这样的战略决策并不是严格意义上的三边模式。以三边模式为核心的平台企业，无人能够取代或是简化三方群体中的任何一方。

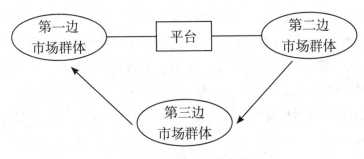

图9.2　三边模式的基本结构

9.2.2　激发网络效应

　　人们在接触平台生态圈的瞬间，便被多种已经精心策划好的配套机制团团包围，这些机制吸引他们入驻到平台内，与其他用户互动，让他们久留而不想离去。以环环相扣的机制建立起来的体系，更能达到有层次、循序渐进的多重目标。如何设计适合自己的产业与服务群体的整套机制是一门艰辛的艺术，而其中的成败关键就在于如何运用网络效应。平台模式的网络效应包括两大类：同边网络效应与跨边网络效应。

9.2.2.1　同边网络效应

　　当某一边市场群体的用户规模增长时，将会影响同一边群体内的其他使用者所得到的效用。比如说，当你在某个网站上有自己的会员界面，用来分享生活的点滴，然后大家都可以相互关注互动，这样就可以建立起强大的虚拟互动生态圈，你可以在这个平台上分享或保存任何你感兴趣的信息。如果你越来越多的朋友（同一边群体）都加入到了这个生态圈，你是否也愿意加入呢？答案是肯定的。也就是使用者会随着亲朋好友（同一边群体）的加入而增加，这个是正向的同边网络效应。

9.2.2.2　跨边网络效应

　　一边用户规模的增长将影响另外一边群体使用该平台所得到的效用。接上同边网络效应的例子，上网站处理能够让你分享生活的点滴，系统升级可以为你提供各种功能的实用软件，即第三方的应用程序开发商提供包括游戏、模拟考试、购物或是有用信息的推送等，这样可以有效增加用户与平台之间的体验与黏性，这就是"正向跨边网络效应"——不同群体之间产生的引力效应增加为"正向网络效应"，效应减少为"负向网络效应"。通常平台所设的机制都是为了激发正向网络效应。平台若能同时激发同边网络效应与跨边网络效应，将能大大增加用户意愿与满足感，进而推动赢利。建立足以激发同边网络效应与跨边网络效应的功能机制，将对平台企业的成败产生决定性的影响。

9.2.3 用户过滤机制

如果平台给用户的体验背离了顾客的意愿或是强加了额外无用的信息，从而给顾客带来了困扰或是疑惑，那么其网络效应可能是负向的，这意味着某些成员的加入会降低其他使用者的效用与意愿。平台企业必须抑制类似情况的发生，避免对平台的声誉、形象产生负面的影响。所以，平台在建立的初期应该拥有一套完善的配套机制，通过机制体系来过滤用户有几种方式：

1. 最基本的方式，是用户身份的鉴定；这样可以有效提升此类平台服务的可靠性，并且可以规避一些匿名的困扰。

2. 另一种方式，让用户们成为彼此的监督者。例如，Facebook、Linkedin；借助用户彼此间的了解来监控其刊登的内容是否正式，其造假的行为受到真实人际网络的制约，使得看似虚拟的线上社交仍能有效运行。

3. 让用户彼此评分的机制。相对而言，这种方式往往比其他过滤方式都有效，因为集合大众意见的结果最具有公信力，通过用户的评价结晶，可以作为人们选择是否交易的重要参考依据，也可以让平台借助大众的公信力来打造品牌。例如，大众点评的"评分"。

当然，除了基本规则的建立以及用户的相互监督机制外，还有一种有效的过滤方式，就是依照平台企业自己的主观判断来决定保留、淘汰哪些用户。

9.2.4 补贴模式

双边模式代表平台生态圈所连接的两组使用群体被视为两个不同的市

场，这两个市场都可能带来收益或产生支出。双边模式赋予平台企业在定价方面的弹性，企业可以选择补贴某一边群体，促进其使用者数量的增长，进而吸引另一边群体支付更多的费用。平台企业为一边市场提供费用上的补贴，借以激起该群体中的人们进驻生态圈的兴趣，我们将此群体称为"被补贴方"；反之，平台另一边的群体若能带来持续的收入以支撑平台的运营，我们则将其称之为"付费方"。在平台商业模式中，补贴模式是一种战略性抉择。补贴模式的标准一般有以下五点：

1）价格弹性反应：弹性大，适合被当成"被补贴方"；弹性小，适合被当成"付费方"。价格弹性是指当一项产品或服务的价格改变时，对有意购买的消费者数量的乘数影响，高价格弹性反应指的是提高价格时，有意购买的消费者数量会加速下降，反之，降低价格则会加速提升。换言之，高价格弹性代表消费者对价格变动的敏感度高，反之则是较低。

2）成长时的边际成本：使用者数量增长，企业为服务新用户产生的边际成本低，适合"被补贴方"；反之，使用者数量增长时带动了高边际成本的群体，则应称为"付费方"。

3）同边网络效应：拥有正向同边网络效应时，适合"被补贴方"。

4）多地栖息的可能性：某群体能轻易地在数个相似的平台中栖息，适合"被补贴方"；即若某个群体能够轻易地在数个相似的平台栖息，也就是该群体转换平台的代价并不高，那么如果要向他们收费就有一定的难度。他们可以轻易跳到其他费用低的平台，各个平台之间可能会因此发生恶性降价；反之，如果某个群体多个栖息地的可能性较小，那么他们适合做平台的收入来源。

5）现金流汇集的方便度：汇集方便度低的，适合"被补贴方"。

许多双边平台企业的补贴都是直接将一边群体视为"付费方"，将另一边群体视为"被补贴方"。然而有时候，双边都不愿意付费，平台可以靠有创意的补贴战略，建立起自己的竞争优势，例如，世纪佳缘向急于找到另一半的人收高级服务费用。总的来说，设定补贴模式，目的就是要在不同的市场群体刻意形成一种不平衡，就像倾斜的跷跷板一样引发第一股推动力，进而激发网络效应。

9.2.5 盈利模式

平台企业连接两个以上的群体后，必须决定核心的补贴策略，然后通过一连串的系统化的机制，引发网络效应，促进生态圈的成长，凝聚各方成员的互动，再通过用户过滤机制维持整个生态圈的质量。接着便是决定如何赢利。

有效的盈利方式通常具有下列两个原则：

1）平台商业模式的根基来自于多边群体的互补需求所激发出来的网络效应。因此，若要盈利，必须找到双方需求引力之间的"关键环节"，设置获利关卡。

2）平台模式与传统企业运营模式的不同之处在于，它并非仅是直线性、单向价值链中的一个环节。平台企业是价值的整合者、多边群体的联结者，更是生态圈的主导者。通过挖掘多方数据来拟定多层级的价值主张，进而推动盈利。

9.3 平台生态圈的成长

9.3.1 用户规模的持续扩大

一旦平台企业成功地引发网络效应，它连接的多方群体将如洪流般倾注而入，使平台生态圈以数倍的规模增长，然而，究竟应该如何在引发网络效应后保持其持久性？在平台企业连接了双边市场后，又该先发展哪一边群体呢？

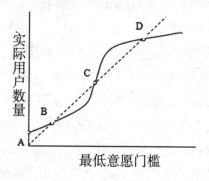

图9.3 平台生态圈用户的加入意愿与实际用户数量的S形曲线

根据研究发现，我们用图9.3来表示平台用户市场成长的生命周期。图中的45度线表示"实际市场份额"与"预期市场份额"相吻合的分界线，A点表示初始成员，B、C、D表示三个市场份额均衡的状态，初创期，位于临界存活点B以左，企业面临的挑战就是将用户规模由B点推至C引爆点，在这一段，实际用户数量将少于达到最低意愿门槛的潜在用户数量。问题：潜在用户处于观望期，已进驻用户会因预期需求无法得到满足而退出，这将导致生态圈的发展停滞甚至是萎靡。BC之间正是网络效应的真空地带，也是令多数平台企业阵亡的瓶颈区。CD之间是引爆期。补贴模式就是促进生态圈成长的核心战略，若实施得当，则能快速促进用户规模的增长，往引爆点推进。

9.3.2　品质的提升

并非所有平台企业都单纯视规模增长为发展主轴，对于某些平台而言，客户群的质量比规模更加重要。盲目追求数量的增长，很可能对生态圈的商业定位产生负面影响，而且某些平台商业模式就是建立在质量的发展上的。连接双边市场的平台生态圈若能网罗到具有高度相关性的知名用户，其引发的网络效应将迅速强大。

平台模式的精髓在于连接多边市场，让它们通过彼此来满足需求，就算同类产品或服务，每位用户所需的细节也不一样。当平台在发展、成长时，必须随着生态圈的演进来打造适合其发展的细分框架，这样才能有效引导多边市场里的用户寻找到他们真正的需求。这时，平台企业可以采用精耕细作的策略。高效开放的生态圈会使双边市场找到彼此的细分化需求，并各自进行有效配对。平台企业只需要在生态圈内建构好完善的有弹性的规则机制，市场需求的多元化将自动实现供需平衡。

对于一个既定的生态圈而言，细分市场策略要取得成功首先必须达到足够的规模。在规模还未达到某个水平之前，进行种类划分或许会造成反效果。一个健全而庞大的生态圈，就该由众多的细分市场堆砌而成，让质与量相辅相成。

这正是开放的平台所获取的优势：物以类聚，人以群分，以市场细分来活化生态圈的发展。在平台规模大幅增长的同时，设立惊喜的框架将为使用者提供精确的匹配机制，并依次筑起多元而丰富的多边互动。

9.3.3　累积双边话语权

许多平台企业拥有能够激发跨边网络效应的潜能，但是当被连接的双边群体均选择观望时，生态圈很可能会发展不起来。平台企业能够决定在哪个过程中对哪个市场投注更多心理，这其中的指针就是识别哪方使用者拥有更多话语权。一个企业在协商、交涉过程中的影响力取决于其话语权的多寡。平台商业模式涉及协商交涉的关系比单向传统企业链更为复杂。

9.3.4　提高转换成本

将用户绑定在平台生态圈的关键，在于用户们"转换成本"的多寡，当用户离开平台时，用户必须考虑，目前在该平台建立的一切都必须放弃，因此以往投注在该平台的时间与精力在此刻就会变成阻止用户离去的一种力量，壁垒在无意间筑起，人们不会轻易离开自己有感情依归的地方。协助用户在生态圈建立真实的归属感成为最有效的壁垒，并在用户的潜意识中形成了巨大的转换成本。

9.4　平台生态圈的竞争

9.4.1　竞争思维

自古以来，商人之间为了争夺更多客源，用尽方法与对手竞争。平台商业模式的兴起，为商业竞争的格局带来了重大变化，商业竞争不再只是企业与企业之间的肉搏战，而是更全面、更深层的盈利模式之间的战争，甚至已成为跨产业联盟之间的大混战，是生态圈与生态圈之间的战争，移动互联网便是最好的例子。

平台与平台之间的冲突可以之为"竞争与覆盖"。所谓"竞争"，定义在拥有同性质业务的平台企业之间（图9.4），运用相同的盈利模式争取相同的使用群体而产生的对抗，比如，百度与谷歌主要依靠关键词搜索广告盈利，针对相同的商家与用户，彼此具有竞争替代关系。而"覆盖"指的则是一个处于邻近甚至毫不相关的产业平台所产生的对既有赢利平台的侵占。

模式的威胁

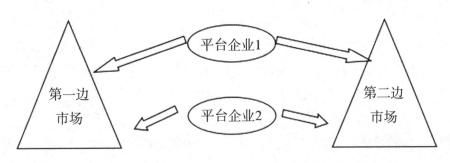

图9.4　平台企业的竞争

9.4.2　赢家通吃

"赢家通吃"的可能性决定了平台竞争的激烈程度，一般而言，平台产业中以下三项条件的程度最高：

1. 高度的跨边网络效应；

2. 高度的同边网络效应；

3. 高度的转换成本。

平台商业模式的存在意义，是为了捕捉多边市场间的网络效应，借以满足不同群体对彼此的需求。它像是一个强有力的漩涡，挖掘多边市场的潜在功能，建立起庞大的生态圈。而网络外部的效应分为同边跟跨边。"跨边网络效应"应该是所有平台模式得以创建的前提，两边市场的用户互相吸引，通过平台进行交易。"同边网络效应"则代表某单边市场的用户人数越多，为彼此带来的价值越大。"转换成本"则是防止用户轻易脱离所处生态圈、前往竞争对手生态圈的防线。因此，如果某商业平台具备的这三个条件越高，越有可能独霸一个产业，形成垄断；反之，其市场可能会被多个平台划分。由此可以看出，提升跨边、同边网络效应及转换成本是平台生态圈达成"赢家通吃"的必经之路。

9.4.3 生态圈的延展性

对于平台而言，生态圈初期的建筑成本往往占很大的比例，之后每位客户所代表的单位成本却微不足道，许多适用于传统产业的策略也因此不再奏效。供应链的初始的高额建筑成本，本并没有多大的用处，对于以极低单位成本即可引进的新用户规模也没有太大的影响。所以唯一能够负担平台的平均成本，并实现盈利的方法，就是用户数量的不断增长。而用户增长策略，只有在生态圈拥有高度延展性的前提下，才能体现出来。机制体系所提供的功能，能有效复制给每一位用户。

例如：世纪佳缘拥有中立的机制，生态圈允许用户自行选择，用户增多时，功能可复制；而珍爱网受红娘的人数限制，用户多时无法提供同质服务。

9.5 平台生态圈的覆盖战争

9.5.1 "覆盖"的源定义

平台模式的崛起所掀起的商业变革具有众多层面的意义，不仅商业模式本身与传统企业的经营模式不再雷同，就连企业所面临的威胁也发生了重大变化，潜在的敌人往往从无法预料的方向出现。"覆盖"正是这样的一种概念：来自邻近的产业，甚至毫不相关的产业企业，侵蚀你的市场，进而造成威胁。在平台模式不断颠覆传统企业的时代，音乐产业遭到了来自非音乐企业（如苹果公司）的颠覆，手机短信功能遭到非移动运营商（如腾讯QQ）的取代，这些都是平台生态圈的"覆盖现象"。某些"巨型生态圈"几乎可以覆盖到任何与它们相关甚至无关的业务领域，如百度、腾讯等。以"覆盖"为基础的非传统的冲突的竞争模式——平台战争已全面点燃。

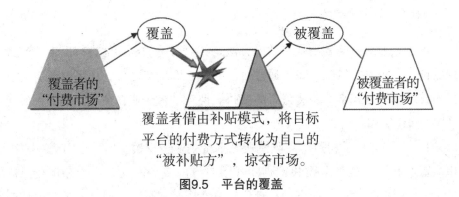

覆盖者借由补贴模式，将目标
平台的付费方式转化为自己的
"被补贴方"，掠夺市场。

图9.5 平台的覆盖

9.5.2 抢夺利润池

在平台圈混乱的今天，无论企业是以传统模式或者平台模式来运营，都必须清楚了解自己的利润池所在。这些"覆盖"而来的对手，他们的战略并非要夺取你的利润——事实上，他们另有赚钱的计划，这些覆盖者打破以往的产业形态，直接破坏你的生命补给线，目的只是为了吸引你的市场人流。而一旦赢利的渠道被截断，利润池的水被吸干，企业也只能缴械投降了。比如微软与网景公司的战争，微软采取了全面的生态圈战略，绑定操作系统、文件处理、商业工具，完全迎合用户的使用习惯后，最终水到渠成地推出免费的浏览器IE，抢占了网景的大部分市场份额。

9.5.3 多环生态圈的覆盖

对于现在的平台企业而言，最大的威胁来自拥有复合式、庞大生态圈的集团性企业，例如阿里巴巴、百度、腾讯都是发展良好的大规模平台，触角甚广，涉足的领域难以计数，而且不断地推陈出新。它们的平台体系多为复合形态，是以为数众多的软硬件生态圈串联而成的，具有难以推翻的优势，由于规模已覆盖至诸多领域，其利润来源分散而多源，无论是面对威胁还是主动出击覆盖对手，均能做出富有弹性的战略调整。这类的平台企业一旦出手，往往会以高度补贴的免费模式争夺市场，可对任何目标直接带来生存死亡的挑战。

9.5.4　回应覆盖的对策

平台企业对抗覆盖的最有效的方法是针对对手的利润池进行反击，或者分散自我利润池的风险，除了通过自己的生态圈优势之外，还可以考虑通过并购或结盟的方式来消除覆盖者的威胁。针对平台企业在覆盖攻防战种所能采用的策略，可以有以下的几种模式：

1. 采取与对手相称的商业模式。平台企业遭受覆盖时，若有条件采取和覆盖者相匹配的商业模式，则能吓阻对方的攻势。在对手抢夺市场的同时，你也反过来侵占它的市场，直到双方达成某种平衡，或是通过其他战略改变僵局。

2. 分散利润池。遇到覆盖者最糟糕的情况莫过于自己仅拥有单一的利润来源，一旦敌人采取凶狠的补贴策略，你所连接的每一边市场群体都将受到牵动，带着彼此成员前往敌方的生态圈里栖息。而当你的"付费方"开始大量转移阵地，你的生态圈将最终无法支持运营而崩溃。所以，分散利润的来源是防范颠覆者的一个良好方法。

3. 异业结盟。雅虎因搜索领域的忽略，在20世纪90年代飞跃成长后，被谷歌以更加精确的搜索技术击败，后者，迅速成为人们上网找寻资料的入口。雅虎的广告模式遭遇颠覆，并且没有能及时有效地重振新的搜索业务，情况越来越严重。为了防止永久的恶化，雅虎决定与过去的大敌微软进行结盟。利用微软搜索引擎的多项技术优势，签订了长达10年的合作协议。此举在某种程度上保住了雅虎在搜索上这块不能放手的业务，并且让雅虎在搜索引擎的市场份额呈现了成长之势。这样的举措同样也出现在移动电话产业——中国移动联合美国最大运营商威讯、英国最大运营商沃达丰以及日本运营商软银，建立起"联合创新实验室"。

9.6　总结

一家平台企业的终极目标，在于打造出拥有成长活力和赢利潜能的生态圈。若想将平台战略发挥到极致，最重要的是打造一个多方共赢的生态环境，并在平衡中成长。无论是一个依循基本的双边、三边模式的平台企业，还是一个已连接了无数边群体的平台帝国，都得妥善经营所有参与者共同联系起来的网状关系，满足所有使用者的需求，共同成长获利，并且有效维持生态圈的利益平衡，从而在平衡中携手前进。总结下来，平台的两边是假象，生态圈只是概念，对利益相关方的组织才是支点；免费是假象，利益重组机制应是核心；时间和地理创新是术，效率倍增方是内核；利润池表述不是关键，如何盈利才更重要；机制、策略、锁定都不是关键，消费者价值才是核心；理论认识不尽重要，活用才有价值。

9.7 课后思考

1.请做分析，为什么拥有正向同边网络效应时，适合"被补贴方"而非"付费方"？

第十章

互联网的未来

牛津大学教授乔纳森·齐特林在《互联网的未来》一书中说，互联网已经无处不在，我们几乎不会去多想互联网的未来。但互联网的脆弱也大大出乎我们的意料，正随时遭受到威胁。一个濒于险境的互联网，该何去何从？在乔纳森·齐特林教授看来，互联网正慢慢走向毁灭的边缘，这种毁灭，正来自于互联网本身所取得的辉煌。当然，教授也总结出了让互联网避免走入毁灭边缘的一些方法。

事物总是具有两面性，有人敲警钟也是有积极意义的，所谓兼听则明，人类因为自己的聪明才智造成地球遭受到无数伤害而祸及自身的事例并不少见，物种灭绝，环境破坏，地球变暖，冰川消融，不一而足。就互联网本身来说，只是一个虚拟的平台，人类通过自身有序的技术管控，还是能够保证网络的基本安全和良性发展的。

到了本书的结尾，再谈互联网，已经不是狭义互联网的概念了，正如《互联网周刊》2016年12月6日发文《移动互联网时代已结束，互联网的未来在哪里？》，移动互联网时代都已经结束了吗？根据中国互联网络信息中心（CNNIC）发布的第40次《中国互联网络发展状况统计报告》，截至2017年6月，我国手机网民规模达7.24亿，较2016年底增加2830万人。我国网民使用手机上网的比例达到96.3%，较2016年底增长了1.2个百分点；智能家居行业快速发展，智能电视作为家庭娱乐设备的上网功能进一步显现，使用电视上网的比例为26.7%，较2016年底增长了1.7个百分点；与此同时，使用台式电脑、笔记本电脑、平板电脑上网的比例分别为55.0%、36.5%、28.7%，较2016年底分别下降了5.1、0.3和2.8个百分点。我们可以说移动互联网的人口红利即将结束，但是一个真正移动互联的时代正在到来，这是广义互联网的时代，万物互联的时代。

10.1　从手机端看未来

首先来看第40次《中国互联网络发展状况统计报告》显示的截至2017年6月的一组数据：

手机即时通信用户6.68亿，较2016年底增长2981万，占手机网民的

92.3%；

手机搜索用户数达5.93亿，使用率为81.9%，用户规模较2016年底增加1760万，增长率为3.1%；

手机网络新闻用户规模达到5.96亿，占手机网民的82.4%；

手机网络购物用户规模达到4.80亿，半年增长率为9.0%；

手机网上外卖用户规模达到2.74亿，增长率为41.4%；

手机预订机票、酒店、火车票或旅游度假产品的网民规模达到2.99亿，较2016年底增长3717万人，增长率为14.2%；

手机支付用户规模增长迅速，达到5.02亿，半年增长率为7.0%，网民中在线下购物时使用过手机网上支付结算的比例达到61.6%；

手机网络游戏用户规模为3.85亿，占手机网民的53.3%；

手机视频用户规模为5.25亿，与2016年底相比增长2536万人，增长率为5.1%；

手机网络音乐用户规模达到4.89亿，较2016年底增加2138万，占手机网民的67.6%。

图10.1　UFS存储卡（图片来自网络）

这就是移动互联网，完全包含了我们所说的互联网的三大应用中的所有场景，随着手机硬件技术的提升，10nm工艺的微处理器、8GB的运行内存、UFS2.1闪存技术，再加上快充和蓝牙5.0，几乎能满足人们在PC端上的大多数功能应用，这还是个手机吗？

虽然百度创始人李彦宏预言，在移动互联网领域大局已定，不可能再产生新的独角兽，未来将属于人工智能，但这只是预示着巨头们在商业层面围绕着人工智能领域的争夺早已经开始，并不说明移动互联网时代已经结束，恰恰相反，竞争已进入白热化。

人工智能将进一步推动移动互联网形态发生新变化。未来，智能的移动互联网会更自主地捕捉信息，更智慧地分析信息，更精确地进行判断，更主动地提供服务。

阿里巴巴技术委员会主席，被称为"阿里云"之父的王坚说过这样的话：以后我们的手机，就是我们自己所有行为的记录仪！这句话从另一个层面说明了，移动互联网结合大数据，未来是那么的清晰！

10.2　从大数据看未来

记得看过一部电影的结尾是通过手机定位能够准确找到当事人所在的地理位置，让观众们细思极恐。其实那都不算什么事！人脸识别技术已经能够让所有犯罪分子无处可藏，遍布城市的"天眼"监控系统能够准确识别每一张脸，然后从公安系统的数据库里找到每一个人，这就是大数据！

有一则关于大数据的笑话：

一家披萨店的电话铃响了。

客服：×××披萨店。您好，愿意为您效劳！

顾客：我想要订餐。

客服：没问题，您的会员卡号是？

顾客：168168××。

客服：陈先生，您好！您是住在南海大道168号×花园1栋1205室，您家电话是8686××××，您公司电话是2666××××，您的手机是1391391××××。请问您想用哪一个电话付费？

顾客：你为什么知道我所有的电话号码？

客服：因为我们的CRM系统有您登记的信息。

顾客：我要一个海鲜披萨。

客服：陈先生，海鲜披萨不适合您。

顾客：为什么？

客服：根据您的医疗记录，您的血压和胆固醇都偏高。

顾客：那你们有什么可以推荐的？

客服：您可以试试低脂健康的田园牧歌披萨。

顾客：你怎么知道我会喜欢吃这种的？

客服：您上星期一在深圳图书馆借了一本《低脂健康食谱》。

顾客：好。那我要一个家庭特大号披萨，要付多少钱？

客服：99元，这个足够您一家六口吃了。但您母亲应该少吃，她上个月刚刚做了心脏搭桥手术，还处在恢复期。

顾客：那可以刷卡吗？

客服：陈先生，对不起。请您付现款，因为您的信用卡已经刷爆了，您现在还欠银行4807元，而且还不包括房贷利息。

顾客：那我先去附近的提款机提款。

客服：陈先生，根据您的记录，您已经超过今日提款限额。

顾客：算了，你们直接把披萨送我家吧，家里有现金。你们多久会送到？

客服：大约30分钟。如果您不想等，可以自己骑车来。

顾客：为什么？

客服：根据我们CRM全球定位系统的车辆行驶自动跟踪系统记录，您登记有一辆车号为××748的摩托车，而目前您正在望海路东段骑着这辆摩托车。

顾客当即晕倒……

这个其实算不上一个笑话，因为只要所有的数据都通过网络开放连接的话，在大数据时代，这些信息是很容易捕捉和匹配的，倒不是说个人隐私得不到保障，在某些特定的场景下，雁过留声、人过留名，数据不会说谎。

有一个关于"尿布与啤酒"的故事常被人举例来说明数据挖掘的厉害，说的是某著名连锁卖场的数据分析人员发现美国的家庭妇女经常会嘱咐丈夫下班后顺便为孩子买尿布，而丈夫在买完尿布后一般会为自己顺手买上啤酒，结果啤酒和尿布摆放在一起，销售量大增。虽然并没有得到任何官方证实，也有人说是杜撰，但通过数据挖掘分析来指导销售这却是真真切切可行的。比如，沃尔玛的分析人员无意中发现虽不相关但很有价值的数据，在美国的飓风来临季，超市的蛋挞和抵御飓风物品竟然销量都有大幅增加，于是他们将蛋挞移到了飓风物品旁边，结果蛋挞的销量提高了很多。

这都是很小的应用，我们放大到更高的层面来看：

大数据帮助政府实现市场经济调控、公共卫生安全防范、灾难预警、社会舆论监督；

大数据帮助城市预防犯罪，实现智慧交通，提升紧急应急能力；

大数据帮助医疗机构建立患者的疾病风险跟踪机制，帮助医药企业提升药品的临床使用效果，帮助艾滋病研究机构为患者提供定制的药物……

互联网只是一个平台，让信息存储和交互有了一个开放的场所，同样引用王坚博士的话："机器变得越来越不重要，在线社会要以互联网作为基础设施，计算变得非常重要。"他还说过，"今天的数据不是大，真正有意思的是数据变得在线了，这个恰恰是互联网的特点。""非互联网时期的产品，功能一定是它的价值，今天互联网的产品，数据一定是它的价值。"

互联网的未来，就是数据的未来。

10.3 从万物互联看未来

1999年4月，美国哈佛商学院出版社出版了美国学者约瑟夫·派恩和詹姆斯·吉尔摩两人合著的《体验经济》一书，作者提出，当前的社会经济形态可分为产品经济、商品经济和服务经济三种基本类型，经济社会的发展，是沿着从产品经济——商品经济——服务经济的过程进化的，而体验经济则是更高、更新的经济形态。具体是什么样的形态呢？智库百科指出：人们开始把注意力和金钱的支出方向转移到能够为其提供价值的经济形态，那就是体验经济，它追求顾客感受性满足的程度，重视消费过程中的自我体验。

好像不是特别容易懂，举个例子。20世纪六七十年代，有一个职业很走俏，裁缝！农村人家一年里会请一次裁缝上门用一天或者两天时间把家里人需要添置的衣服全部缝制好。后来，商品经济发达了，人们都上商店去买成衣了，选择多了些，质量也不错。现如今，通过互联网，你能够买到世界各地品牌的服装，而且通过VR技术，可以变着法子让自己试穿，最终挑下最合身的，很短的时间，快递小哥就送上门了。这种体验，是传统的经济形态无法达到的。

互联网和实体经济结合越来越紧密，线上线下的结合，为用户提供越来越多、越来越好的独特体验。淘咖啡、Amazon Go、缤果盒子、无人超市已经纷纷亮相，刷新了人们对于体验经济的认知。北京大学光华管理学院营销战略及行为科学教授、博士生导师张影在接受《扬子晚报》记者采访时说，"无人零售"的出现，反映了当下科技的进步，便捷的信息技术可以取代导购员为顾客提供商品咨询服务，支付方式的多样化使收银员的工作不再必需，人脸识别技术也可以很好地解决安全问题等。张影对新零售的前景是乐观的，他认为"无人"也是零售业一个重要的发展方向。

无疑，实现新零售的前提就是物联网的技术，到目前为止，整个IoT产业链的四大板块终端、技术、生态、标准都在加速升级，万物互联似乎真的就在眼前。

我们来看看比尔·盖茨历时7年、耗资约1亿美元、占地面积6600平方米的"未来之屋"：大门设有气象感知器，电脑可随时调控室内温度和通风；来宾进入安检时，其个人信息就会作为来访资料储存到电脑中；通过安检后，保安会给来访者一个纽扣大小的配饰，行踪一一被记录；会议室随时可以召开网络视频会议；室内所有的照明、温湿度、音响、防盗等系统都可以根据需要通过电脑进行调节；地板传感器能在15厘米内跟踪到人的足迹，照明系统会在人到来时打开，离去时自动关闭；厨房内有全自动烹调设备；厕所安装了一套检查身体的电脑系统，如发现异常，电脑会立即发出警报；住宅区内的一棵百年老树装有先进的传感器，能根据老树的需水情况，实现及时、全自动浇灌。

其实这些都不算太神奇，借助物联网我们的生活都可以变得轻松愉快，当下班快要回到家的时候，我们通过手机打开家里的空调，电饭煲也让它工作起来；门锁打开时，房间的照明自动打开，电视或者音响同时打开并调到自己预设的频道或者播放自己钟爱的古典音乐，甚至浴缸里的水会自动放满等待主人躺进去，或者淋喷头感应到主人要冲凉适合你温度的水自动倾泻而下；你根本不用担心家里遭遇盗贼，自动报警是必须的，即便东西拿走了，系统也会跟踪，把线索交给警察就好了。

世界已经无法孤立，万物都能通过互联网连成一片，或许，那个时候，你会想着，到哪里去找一个安静之所，享受世外桃源般的宁静？